CSS設計風格指南

一次搞懂Web開發現場應該要懂的CSS相關知識

高津戸壯［著］•衛宮紘［譯］

序言

本書是講述 CSS 設計的參考書，期望能夠幫助正煩惱該如何編寫 CSS 的人，在翻閱後得到一些幫助。

何謂編寫 CSS？

投入前端開發的人肯定會接觸到 CSS，但涉及程度有多深就因人而異了。在執筆本書的 2021 年 11 月時，筆者任職於 PixelGrid 股份有限公司，職員僅數十名，主要業務為網站架設與 APP 實作。

雖然 PixelGrid 主打前端的相關技術，但專門編寫 CSS 的人員卻不多，大家多多少少都會編寫 CSS。除了對屬性（property）有一定程度的瞭解外，對於怎麼編寫 CSS、如何管理完成的 CSS，都具有一定程度的認識。

現在回頭想想，我並不清楚自己是如何學習到編寫 CSS 的能力，市面上沒有系統性解說相關思維的書籍。雖然 CSS 的參考資料不勝枚舉，有介紹各種屬性呈現的效果……等等，但該考慮什麼事情、該注意什麼來編寫 CSS、該如何管理完成的 CSS，就幾乎沒有相關的完整教材。

但這種編寫 CSS 的能力，不易簡單描述出應該具備什麼知識，即便事前記住網站的內容，也難以用三言兩語說明清楚。

交給這個人編寫 CSS 就沒問題；這個人雖然不太擅長 CSS，但能吸收編寫人員想法完成；該怎麼具備這種能力呢？「依靠經驗」是最不負責任的講法，但從經驗獲得的能力，具體又是什麼樣的技能呢？

本書將會聚焦於「**怎麼編寫 CSS、如何管理完成的 CSS**」，期望幫助讀者掌握相關知識。

目標讀者

本書的預設讀者對象是以前端工程為主的新人，但排除已經具備深厚功力的新進人員。另外，還有雖然不太熟悉網頁技術，但想要精進這方面技能的人員。這些經驗尚淺的人員，需要透過實作與練習來學習。

如前所述，這種能力不是死記硬背就能具備的，這本書可以幫助你培養以下的能力：

- **具備這些概念後，可以知道如何與前端工程師溝通。**
- **具備這些概念後，可以與相關人員溝通 CSS 設計的觀念。**

關於作者

筆者高津戶壯（@Takazudo）任職於 PixelGrid 股份有限公司。截自執筆本書，擁有 15 年左右架設網站及開發 APP 的經歷，約一半以上的時間投入 HTML、CSS 及 JavaScript 的程式碼撰寫。

起初是以企業網站為中心編寫大量的網站程式碼，後來廣泛開發以 JavaScript 技術為基礎的網頁應用程式，目前擔任總監的職務。

筆者在執筆之際，已經很久沒有親手編寫 CSS 了，這本書的企畫構想也是多年前醞釀的，撰寫的進度相當緩慢。不過，這本書所傳達的觀念相當重要，筆者希望新人們都能夠具備，因此還是決定完成這本書。

CSS 的現狀

執筆當下的 CSS 應用變得越來越複雜，前端開發設計大多使用 React、Vue.js 等元件導向的 JavaScript 函式庫。CSS 使用這類函式庫後，可用 JavaScript 實現各式各樣的功能，CSS 的應用遠比以往更加廣闊。

在十多年以前，編寫 CSS 就只是制定出一些規則而已，但隨著時間推移，本書介紹的 Sass、PostCSS 等工具逐漸普及，被廣泛應於各處。除此之外，還出現各種以 React、Vue.js 等處理 CSS 的方法，HTML 套用樣式的手法也是五花八門。因此，開發人員肯定會對 CSS 感到頭大，該怎麼應用 CSS ？該使用哪種工具才好？多數人應該是不假思索地選擇當前流行的方式吧！

在這樣的時代，依照需求條件判斷以什麼架構編寫 CSS，筆者認為是非常困難的事情。該怎麼編寫 CSS ？該選擇哪種工具？都不是簡單的問題。

當然，獨自編寫 CSS 可隨心所欲自由操作，但若是團隊開發，或是要考慮到如何降低網站的營運成本，編寫 CSS 的知識就變得非常重要。

本書彙整了這個時代應用 CSS 應該具備的觀念與知識。

CONTENTS

第 1 章

關於編寫 CSS

首先，先來討論「編寫 CSS 很難嗎？」

編寫 CSS 很難嗎？

各位是否覺得編寫 CSS 很難呢？

還是說根本只是小菜一碟？

筆者認為編寫 CSS 有下述幾種困難：

> **1. 屬性本身的困難**
> **2. 選擇器的困難**
> **3. 聯動 HTML 和 CSS 的困難**
> **4. 與設計人員協作的困難**
> **5. 團隊開發的困難**

下面進一步詳細解說吧。

1. 屬性本身的困難

首先，**哪種屬性呈現什麼頁面效果**，在理解這件事上會感到困難吧。

CSS 的屬性多如繁星。例如：

```
.example1 { font-size: 14px; }
.example2 { color: red; }
```

這些屬性應該不難理解，直接就是字面上的意思：文字大小為 14px、顏色為紅色。有些人會覺得：「啊～簡單啦。」然而，若是這樣的屬性呢？

```
.example1 { display: flex; }
.example2 { display: grid; }
.example3 { z-index: 3; }
```

相較於文字大小、顏色的設定，這些屬性複雜不單純，必須一一記住它們的布局效果，才能夠得到預期的畫面結果。若要比喻的話，就像是拼圖一樣困難。

一旦理解拼圖的原理後，就可縮減下次編寫時解決困難的時間，但起初肯定得花費時間理解。具有豐富 CSS 拼圖知識的人，能夠快速輕易地編寫 CSS。

這就是第一個困難。

2. 選擇器的困難

假設「已經掌握所有的 CSS 原理！」沒錯，就是擁有一看到某個網頁，就能夠瞭解使用了哪些屬性的能力。

多麼令人羨慕的能力啊！然而，光是這樣也不算精通 CSS。如何將屬性指派給 HTML 的各個元素，又是相當困難的事情。這就是選擇器的困難。

例如，想要將標題的顏色轉為紅色的話……

```
<h3 class="heading">Big news!</h3>
```

Big news!

程式碼有各種寫法，應該使用類別選擇器（class selector）呢？

```
.heading { color: red; }
```

還是使用元素選擇器（element selector）呢？

```
h3 { color: red; }
```

或者兩者搭配起來呢？

```
h3.heading { color: red; }
```

抑或是該元素在主要區域中，
這樣編寫會比較好呢？

```
#MainArea .heading { color: red; }
```

存在無限多種可能性。

依照喜好來編寫不就好了？
這麼說也沒有錯，但若沒有多加思考，到頭來可能碰到困擾的情況。「**選擇哪種選擇器來編寫 CSS ？**」不是件容易的事情，至於會有哪些困擾，留到後面再來細說。

這就是第二個困難。

3. 聯動 HTML 和 CSS 的困難

HTML 和 CSS 各自發揮不同的功能。

- **HTML 用來定義組織架構**
- **CSS 用來定義外觀樣式**

使用 HTML 定義組織架構時，需要理解其中的內容，一項一項選擇標記的元素。與此相對，使用 CSS 定義外觀樣式時，需要想像瀏覽器上顯現的畫面，思考各個元素要套用哪種樣式才能夠得到該結果。

CSS 其他還有動畫、互動等畫面演示的功能，由於相當繁雜，本書直接稱為「外觀樣式」。這樣的功能分擔，又可稱為「關注點分離（separation of concerns）」。然而，事情有如此單純嗎？筆者可不這麼認為。

雖然 HTML 和 CSS 各自不同，但得密切聯動才能夠完成頁面。意識兩者之間的關聯來編寫程式碼，可能讓人感到力不從心，這就是**聯動 HTML 和 CSS 的困難**。

在編寫 CSS 的時候，有時得在 HTML 端追加要素、更改架構。雖然說是關注點分離，但 CSS 尚未成熟到無論 HTML 處於什麼狀態，僅編輯 CSS 就可完美實現預期效果。實際編寫程式碼時，經常需要來往 HTML 和 CSS 之間，當發現要素數量不足，就得額外追加 `div`、`span` 等。實作人員會在這裡苦惱，像這樣視布局情況增減要素、改變架構，真的算是編寫語義的 HTML 嗎？

HTML 要苦惱組織架構；CSS 要煩心如拼圖般困難的選擇器編寫，由於得同時面臨這兩種煩惱，許多人會感到力不從心。如前所述，聯動 HTML 和 CSS 不是件容易的事情。

這就是第三個困難。

4. 與設計人員協作的困難

第四個困難是**溝通的困難**。

關於這部分，通常都是與設計人員協作時發生問題。

雖然也有從設計到實作獨自完成的情況，但具有一定規模以上的專案，往往會區分負責設計的人員、負責編寫 HTML 和 CSS 的人員。在這樣的分工體制下，編寫 HTML 和 CSS 之前，設計人員會以某些軟體製作「詳細版面設計圖（Design Comp，後面簡稱為設計圖）」，將這個「畫作」交給實作人員，再由實作人員根據該資料編寫 HTML 和 CSS。

瀏覽器的畫面結果，需要透過編寫 HTML 和 CSS 來呈現，而 HTML 和 CSS 得根據設計圖來製作。HTML 和 CSS 是程式碼，設計圖就好比單純的畫作。遇到相同的使用者介面（UI）時，得斟酌將程式碼作成共通的元件，但光由設計圖並不曉得考慮了多少這類情況。舉例來說，使用 Figma 軟體製作設計圖：

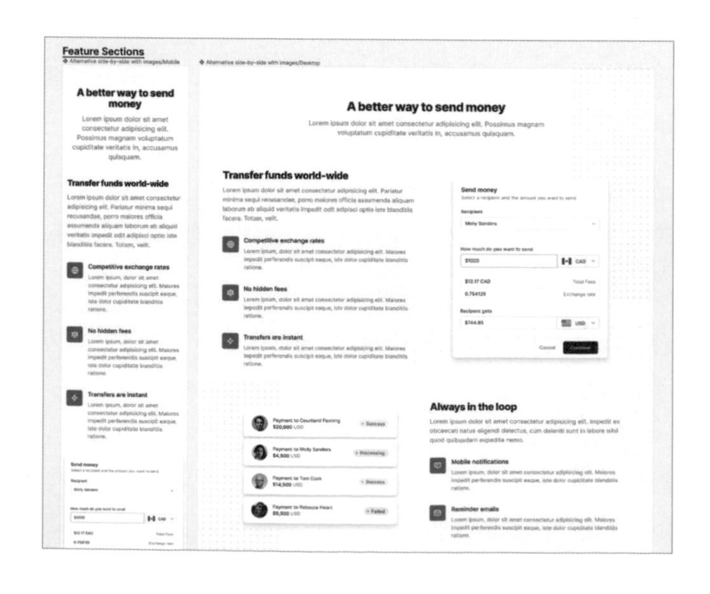

有許多微妙差異的相近色，應該怎麼處理呢？有好幾種圓角類型，應該怎麼處理呢？不同位置的文字大小不同，應該怎麼處理呢？若是獨自架設網站的話，可依照自身喜好來決定，但兩人協作就不能夠如此任性。

因為是兩個人協力製作一樣東西，當然不可隨心所欲自由發揮，設計人員得理解 HTML 和 CSS 可呈現什麼效果來規劃；工程師也得汲取、確認設計人員的意圖來編寫程式碼。光有技術方面的知識，並無法達成協力合作。

與設計人員協作不是件容易的事情，這就是第四個困難。

5. 團隊開發的困難

與設計人員協作不容易，**開發人員之間順利協作**更是難上加難。

例如，請想像複數人員分工同一個網站，該怎做才能夠順利完成實作呢？

依照頁面分擔作業如何呢？我負責編寫首頁和公司介紹，你負責編寫產品資訊、新聞發布。雖然像這樣分工是一種方法，但這些頁面會有共通的使用者介面，下面就以按鈕為例來說明。

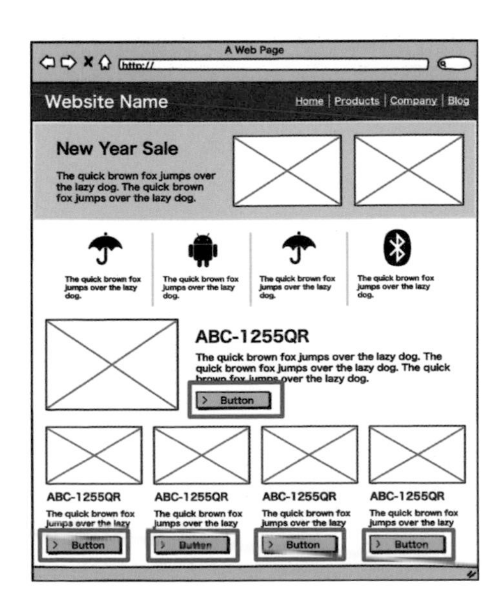

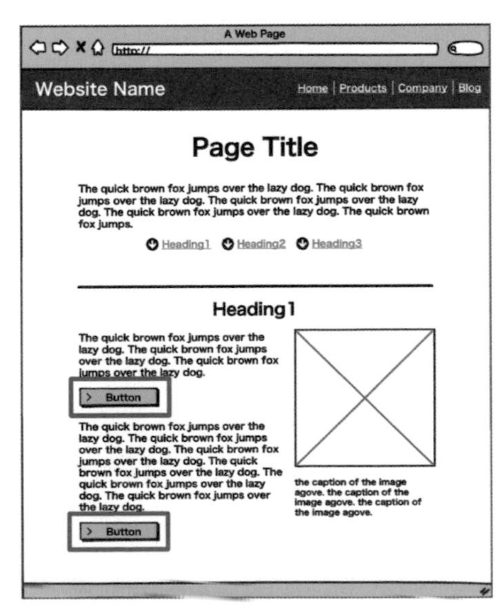

若沒有特別的理由，設計人員通常會規劃功能相近、外觀相同的按鈕吧。這樣的話，依照頁面分擔作業時，開發人員會對相同按鈕編寫不同的 HTML 和 CSS。同樣的東西有兩種程式碼，則需要不同的選擇器，例如：

實作人員 A 的程式碼

```
<a class="top-nav-button" href="#">Button</a>
```

```
.top-nav-button { ... }
```

實作人員 B 的程式碼

```
<div class="media-block">
  ...
  <a href="#">Button</a>
</div>
```

```
.media-block a { ... }
```

「寫法不一樣有什麼不好？」就完成網站而言，可能不覺得有哪裡不好吧。

然而，請想像一下完成並開始運行網站時的情況，經過半年後再回來看程式碼，「哎？這是在寫什麼東西啊？」

- **同樣外觀的使用者介面，程式碼卻各自不同**
- **選擇器的選擇方式沒有限制**

這樣後續想要調整按鈕顏色、形狀時，會難以判斷該怎麼修改才好，可能必須變更好幾個地方，或者沒有想要更動的部分跟著改變，徒增自己的困擾也說不定。這會發生什麼情況呢？明明只是些微的更動，卻耗費了兩三倍的時間。這樣的差異會逐漸墊高營運成本。

CSS 的工作原理相當單純，只要記住基本的選擇器和屬性，編寫程式碼的門檻並不高。然而，怎麼作成後續回顧時方便維護的狀態，卻是相當困難的事情。當專案的規模愈大，困難度也會跟著提升。

「我都是一個人作業，跟我沒有關係。」有些人可能如此認為，但具有一定規模的網站無法忽視這個問題，需要具備思考怎麼共同編寫程式碼的能力。

團隊開發不是件容易的事情，這就是第五個困難。

本書討論的內容／不討論的內容

從各種視點來看，筆者認為 CSS 有上述困難點。
對 CSS 感到苦惱的人，不妨分開討論這五個困難。

然後，在這五個困難當中，本書會討論如何面對以下三個困難：

- **選擇器的困難**
- **與設計人員協作的困難**
- **團隊開發的困難**

換言之，**本書不會解說以下兩個困難**：

- **屬性本身的困難**
- **聯動 HTML 和 CSS 的困難**

為何不討論這兩種困難呢？

首先，若討論「屬性本身的困難」的話，本書會變成 CSS 的操作手冊，內容涵蓋的範圍過於廣泛，故不深入講解。雖有想過僅解說常用的方便屬性，但每個時代常用的屬性種類不盡相同、變化多端。

例如，若想要控制要素的布局，CSS 剛普及時主要是用 `float`，後來換用表格布局的 `display: table`，接著改用 `flexbox`，現則使用 Grid Layout，依照瀏覽器是否支援有各種選擇，必須習得的知識也跟著變化。關於這部分的知識，請參考本書以外的書籍來學習。

其實，剛撰寫本書時，原本預計解說用於 CSS 布局的 Tips 還隨處可見，但自那之後過了許久的時間，如今已經淪為冷門知識了。因此，本書不討論有關屬性的內容。

關於「聯動 HTML 和 CSS 的困難」，本書僅會講解 CSS 方面的內容。若提及 HTML 語法的內容，又會變成全然不同的書籍。在本書的主題「編寫 CSS 時的思維」中，組織架構的部分並沒有很重要。

即便是範例收錄的程式碼，也不會特別解說組織架構的意義。總而言之，若在意本書內文出現的 HTML 要素，閱讀時不妨直接**全部當成 div 底下的內容**。筆者認為，大腦也得像這樣區分 HTML 和 CSS 來討論。

總結來説，筆者期望各位可由本書稍微瞭解：

- **該使用哪種選擇器來編寫 CSS ？**
- **該怎麼與設計人員協作才好？**
- **團隊開發時該注意哪些地方？**

CSS 設計

因此，本書會將「怎麼編寫 CSS 才好？」稱為 **CSS 設計**，專注於這個部分來討論。

提及 CSS 設計，可能會覺得是如何製作 CSS 的樣式，但本書不討論這層意思。「怎麼編寫 CSS 才好？」在英文中常用「CSS architecture」來表達，故本書也決定稱之為 CSS 設計。不過，這個詞有些模稜兩可，本身帶有編寫程式碼的語意，每個人的認知會有若干差異。

編寫 CSS 有點像是建築房屋，只要有建材與工具，即便是門外漢也有辦法弄得有模有樣。當然，起初得先學會工具的用法，但只要肯努力，自行木工 DIY 建造矮小的屋子並非問題。同樣地，CSS 只要先記住屬性和選擇器，總有辦法作出像樣的頁面。

然而，考量到居住的舒適度、日後的擴張性，建造房屋並不是件容易的事情。就舉一般的住宅來說，儘管想要嘗試翻新房屋，卻發現門扉拆不掉、到處都是不可破壞的柱子、牆壁，翻修工程根本不可能照自己的想像進行。

打算更換水管，卻要拆除整面地板；使用不合當地環境的木材，結果白蟻叢生。為了預防這些惡果，起初就得好好設計。

CSS 也是同樣的情況，走一步算一步地編寫程式碼，到頭來痛苦的將是自己。許多人常會誤解，**只要記住一定程度的屬性和選擇器，就能夠完成樣式設計**。

因此，並非瞭解樣式便可順利寫出漂亮的程式碼。想要確實編寫 CSS 的人，不妨與本書一同探索何謂 CSS 設計吧！

第2章

缺少 CSS 設計會遇到的困擾

那麼，在正式討論 CSS 設計之前，再稍微談點其他事情。
有些人會覺得：「我已經有在編寫 CSS 了，沒有遇到什麼大問題啊！」
不，若真是如此的話，根本不會閱讀到這邊……吧。
針對抱有這類想法的人，本章將會說明不經思考的隨意編寫 CSS 會遇到哪些困擾。

總之先寫再說

學會幾個屬性而感到興奮的 A 職員，喃喃自語：「CSS 簡單啦～～」當天就寫了網站側邊欄的程式碼。

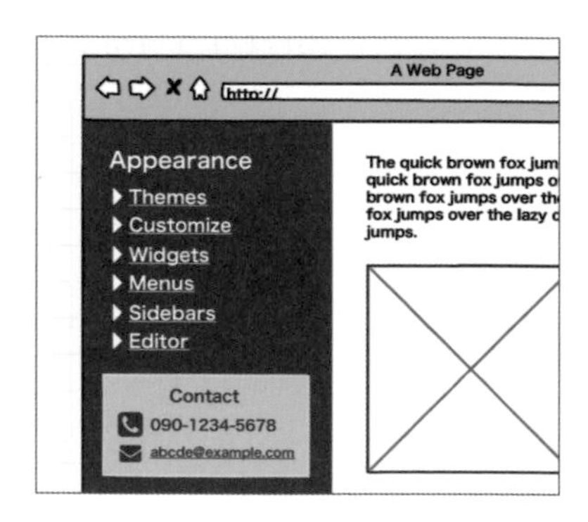

開頭先寫個 id、類別，再套用樣式。編寫的程式碼如下：

```
/* 導覽標題 */
.nav dt {
  color: white;
  background-color: black;
}

/* 導覽項目 */
.nav dd {
  ...
}
```

```
/* 諮詢區塊 */
.contact {
  color: black;
  background-color: gray;
}
```

然而，執行後卻出現問題。首先，標題（.nav dt）中指定的 color: white 完全沒有效果。「哪邊出錯了呢……不，CSS 本身沒有語法上的問題。」檢查其他的程式碼，最後找到下述原因：

```
body #wrapper div dt {
  color: black;
}
```

前任者在別處編寫了這段 CSS。然而，「這個部分可隨便更動嗎……不太瞭解它的編寫意圖……。」前任者已經退出專案，A 職員無法得知答案。

「好吧！不如這樣做吧。」A 職員想到下述辦法：

```
.nav dt {
  color: white !important;
  background-color: black;
}
```

然而，程式碼像這樣使用 !important，就無法再進行其他的覆蓋。後續編寫 CSS 的 B 職員，會因為這段程式碼苦惱無法修改顏色……A 職員沒有想到會造成其他人的困擾。

原本以為這樣就沒有問題，A 職員卻又發現底部諮詢區塊的背景顏色不對勁。

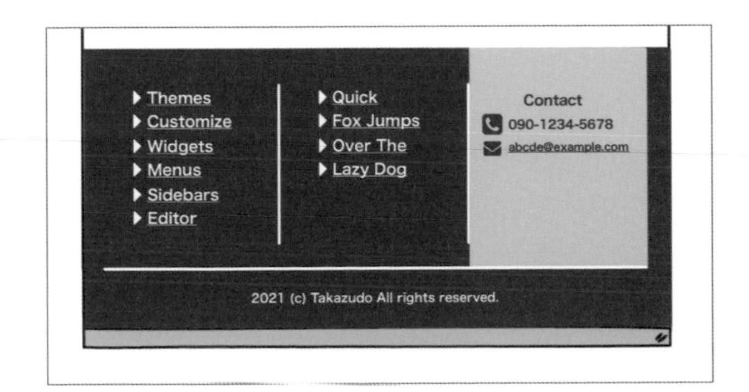

檢查底部的 HTML，發現該元素有 `class="contact"` 的記述，這會套用 A 職員編寫的下述樣式：

```
.contact {
  color: black;
  background-color: gray;
}
```

明明僅是寫個側邊欄的 CSS，怎麼會遇到這麼多問題？

……CSS 編寫人員的時間就這樣不斷流逝。

獨自開發網頁的話，情況可能不會這麼嚴重。然而，團隊開發的網頁經過長期維護、不斷累積這樣的小地方，會讓程式碼變得愈來愈難編寫，感到心力交瘁，產生「**真想整個打掉重做！！**」的想法。這並不是什麼稀奇事，相當稀鬆平常。總結來說，**不經思考地編寫 CSS，到頭來會耗費更多時間擺弄程式碼。**隨意編寫反而墊高營運成本。

CSS 的工作原理單純，僅需要編寫選擇器、再編寫想要套用的樣式，就可呈現想要的結果。然而，正因為原理單純，製作一定規模的網頁時，才更需要多下工夫。

CSS 方法論

那麼，該怎麼編寫 CSS 呢？

關於這個疑問，世上已有幾種「這樣寫就行了」的思維，全部統稱為 **CSS 方法論**（CSS methodology）。瞭解 CSS 設計方法論後，或許能夠避免遇到這類問題。

容易崩壞的 CSS

「CSS 方法論」一詞濫觴於 2009 年左右。當時任職於 Yahoo! 的 Nicole Sullivan 提出了 Object Oriented CSS（OOCSS）的概念，這應該是最早出現的 CSS 方法論。

Object Oriented CSS
https://www.slideshare.net/stubbornella/object-oriented-css

這也是筆者最早接觸到的 CSS 設計方法論。

Nicole Sullivan 在簡報中，闡述了自己如何在專案中編寫 CSS、怎麼改善編寫程式碼。過程中，她提到：「CSS is too fragile.（CSS 太容易崩壞）」為了防止完成的 CSS 崩壞，需要如輕堆積木般的小心謹慎。

自 OOCSS 以後，CSS 方法論至今衍伸出幾種分支，這些思維都是教導如何輕輕堆疊名為 CSS 的積木。

在深入講解之前，得先瞭解「**CSS 容易崩壞**」的觀點。前面的舉例就是未經思考堆疊積木，猶如製作搖搖欲墜的城堡。我們需要知道什麼樣的 CSS 容易崩壞。

瞭解 CSS 方法論有什麼好處？

那麼，就來學習 CSS 方法論吧！首先，需要注意的是，**即便知曉某種 CSS 方法論，也不表示能夠立即解決所有問題**。

縱使記住了設計思維，該怎麼運用至專案卻是另一回事。不過，若有欲確實編寫 CSS 的想法，筆者建議嘗試接觸 CSS 方法論，學習同樣苦惱 CSS 寫法的先人智慧。

想要圓滑進行團隊開發，CSS 方法論是不可缺少的要素。「我要這樣編寫。」「你要那樣編寫。」寫法各自不同的話，到頭來會完成雜亂無章的 CSS。此時，CSS 方法論可成為彼此的共通語言，光是統一當作基礎思維，就可對設計帶來莫大的幫助。

而且，對於 CSS 方法論有概念的話，在閱讀其他人的程式碼時，也比較能夠瞭解對方的編寫邏輯，容易理解其中的意圖。CSS 方法論彙整了各種有幫助的提示。

不是專門編寫CSS的人也應該瞭解

對於平常不是專門編寫 HTML 和 CSS 的人，筆者認為瞭解 CSS 方法論也是非常重要的事情。

在編寫 HTML 和 CSS 之前，需要先進行規劃設計。當然，設計人員並不需要通盤瞭解全數細節，但對於本書後面將講解的內容，**設計人員能夠稍微瞭解的話，溝通肯定會變得非常輕鬆**。只要工作上會接觸到 HTML 和 CSS，就能感同身受。因此，筆者期望設計人員對 CSS 也有某種程度上的理解。

在 HTML 和 CSS 的後處理，常會嵌入某個 CMS 的 HTML，或者以 JavaScript 製作網頁應用程式。筆者認為進行這些開發工作的人，也應該事前學習 CSS 設計的知識技術。

HTML 和 CSS 組進 CMS 後，想要進行某些變更的時候，能否稍微修正 CSS 就完成，跟 CSS 設計的觀念是否落實執行息息相關。因此，筆者認為即便是獨自作業，習得判斷 HTML 和 CSS 編寫意圖的能力，最終肯定會為自己帶來幫助。

●

接著，就來具體解說 CSS 方法論。

第 3 章

先來瞭解 BEM

嗯，CSS 設計很重要。那麼，趕緊來學習 CSS 設計吧。首先，第一步要先瞭解 BEM。

本章將會大致講解 BEM 的內容。

何謂 BEM ？

BEM 是下述三個單字的字首，可直接拼唸成「bem」。

- Block（區塊）
- Element（元素）
- Modifier（修飾符）

BEM 官方網站有詳細的解說內容。
若讀完本書想要深入瞭解的話，可參考下述網址：

BEM
https://en.bem.info/

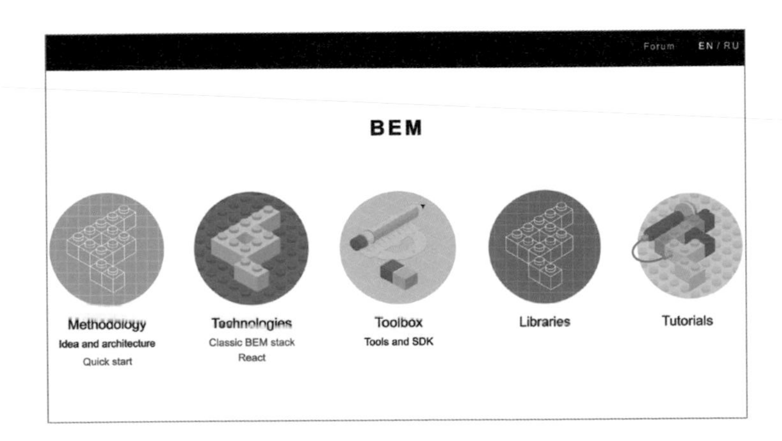

何謂 BEM ？簡單講就是「**以元件為基礎設計網站的方法論**」。

何謂元件？

何謂元件（component）？平常沒有在編寫程式的人，可能會感到相當陌生。component 一詞可直譯為「構成要素」，但這樣仍舊讓人一知半解，故下面稍微舉例來說明。

例如，假設準備描繪如下的照片。

桌上擺滿了食物，有麵包、洋蔥、酪梨、芹菜、番茄、紅蘿蔔、起司……等。在描繪的時候，「**不要一次畫出全部的食物，而是一樣一樣描繪後，再組合搭配起來**」，元件的思維就近似這個意思。

在描繪圖像的時候，將各個要素稱為「**元件**」，創造「起司」、「紅蘿蔔」、「番茄」、「芹菜」等單位。這幅圖像的構成要素如同元件，一一描繪後可完成整幅畫作。由於是構成整體的要素，故稱為構成要素。大致理解該詞的意思了吧。

粗略來說，這就是元件的思維。
這邊的重點是，將自己容易使用的劃分單位當作「元件」。

實際上，大家僅是隨便使用「元件」一詞，其他還有「模組」、「組件」、「物件」等各種不同的說法。

那麼，言歸正傳，所謂 BEM 指的是，在 HTML 和 CSS 上巧妙使用元件設計的方法。

為何要介紹 BEM ？

BEM 能夠幫助巧妙使用元件，在深入講解之前，先說明為何要介紹 BEM。

在幾個 CSS 方法論當中，為何選擇介紹 BEM 呢？

具有高知名度和信賴性

首先，**BEM 超級有名**。
在如何設計 CSS 的思維當中，最廣為人知的肯定是 BEM。

就筆者的印象而言，前面提到的 Object Oriented CSS（OOCSS）、後面介紹的 SMACSS 等，雖然也具有高知名度，但詳細瞭解的人大概只有專精 CSS 的開發人員。

與此相對，BEM 是即便沒有專精 HTML 和 CSS 的人，也大概瞭解其中的內容。然後，對編寫 HTML 和 CSS 的人來說，BEM 已經普及到堪稱必備的基礎知識。在教導網站架設、開發的專業學校，可能已經將其歸類為基礎課程了吧。

在 The State Of CSS 的網站上，有針對多數開發人員進行問卷調查，由其統整結果可大致瞭解 CSS 相關技術的趨勢動向。根據 2020 年度近 1 萬人的回答結果，在知名度和使用率兩方面上，2020 年度和 2019 年度都是 BEM 拔得頭籌。

The State of CSS 2020: Methodologies
https://2020.stateofcss.com/en-US/technologies/methodologies/

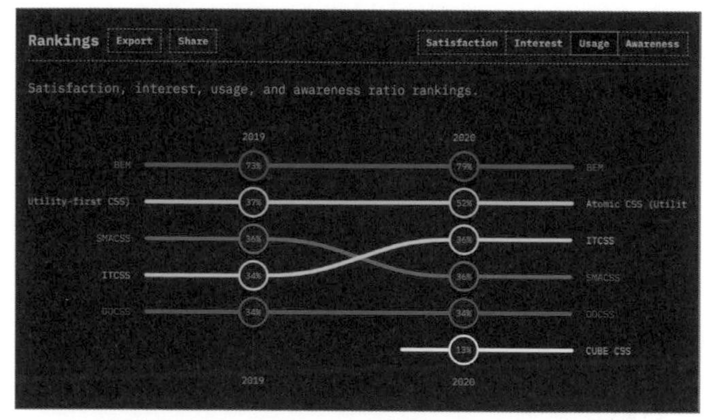

CSS 方法論對於問卷基數的使用比率

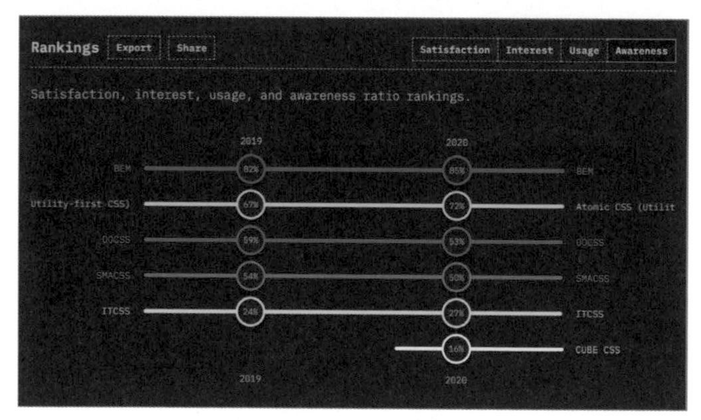

CSS 方法論對於問卷基數的認知度

然後，饒有趣味的是，約半數受訪者回答「Would use again（願意再次使用）」。

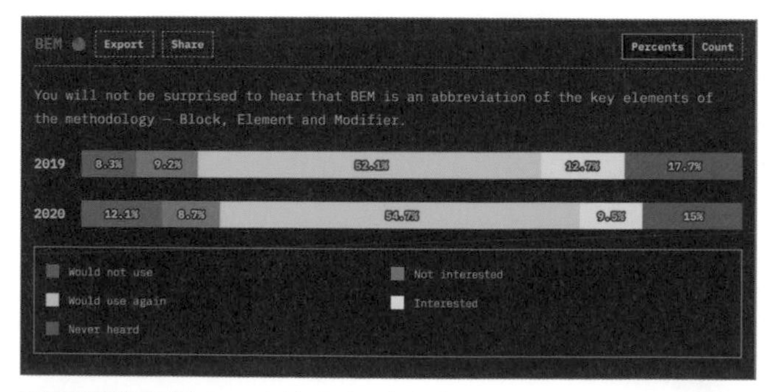

問卷回答者對 BEM 的印象（深綠：Would use again）

其他的方法論，「Would use again」的比率都不到三成。相較之下，BEM 超過五成是相當高的比率。如前所述，BEM 獲得眾多開發人員的好評，具有一定的支持率。

因此，推薦使用 BEM 的第一個理由，是非常有名且備受好評。既然都要學習的話，何不選擇備受好評且實際可用的方法論。

明確的實作規範

第二個理由是，**實作的規範相當明確**。

多數的 CSS 方法論、CSS 框架，以及製作網頁應用程式的 JavaScript 函式庫、框架，通常跟 BEM 一樣採用「元件」思維。

BEM 並非第一個提出「元件」思維的方法論，其他的 CSS 方法論大部分也是基於「元件」思維的理論。然而，筆者認為 BEM 最大的特色是，除了採用元件的概念外，實作方法還有一套明確的規範。

以前章介紹的 OOCSS 為例，雖然內容有提及元件的思維，但實際怎麼編寫就僅有極為簡單的範例，造成 OOCSS 的理解方式因人而異。在 OOCSS 剛發表的當下，筆者為之傾倒、大量翻閱文獻，但許多部分都是憑藉想像來補足，沒有辦法要求別人：「請用 OOCSS 幫忙編寫 CSS ～」即便真的這樣要求了，也肯定不會得到如預期的程式碼。

相較於 OOCSS，BEM 的規範相當明確：

- **這種情況要這樣命名類別。**
- **不可這樣編寫程式碼。**

知道 BEM 的人對設計相關的認知差異不大，「請用 BEM 幫忙編寫～」委託別人後，可期待大家能夠以相同的認知來設計。

如前所述，除了採用元件的概念外，BEM 在實作方面也有明確的規範，筆者認為這是初次接觸 CSS 方法論的最佳選擇。只要先掌握 BEM，在學習其他的 JavaScrpt 函式庫、CSS 方法論時，肯定會覺得思維跟 BEM 相類似。

BEM 的粗略概要

那麼，就來解說 BEM 吧。先簡單介紹其程式碼的樣貌。

嘗試以 BEM 編寫 HTML 和 CSS

假設有如右的使用者介面。

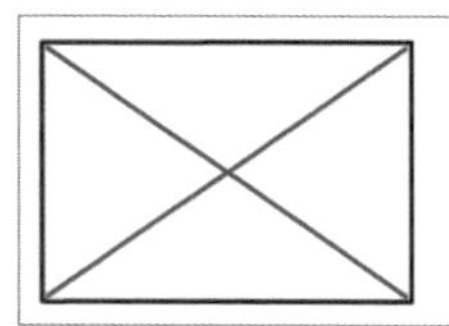

ABC-1255QR

The quick brown fox jumps over the lazy dog. The quick brown fox jumps over the lazy dog. The quick brown fox jumps over the lazy dog.

Link

此使用者介面的 HTML 如下：

```
<div>
  <img src="..." alt="" />
  <div>
    <h2>ABC-1255QR</h2>
    <p>The quick brown fox jumps over the lazy dog...</p>
    <ul>
      <li><a href="#">Link</a></li>
    </ul>
  </div>
</div>
```

然後，思考 HTML 怎麼套用樣式，使用 BEM 如下指派類別：

```
<div class="product-nav">
  <img class="product-nav__img" src="..." alt="" />
  <div class="product-nav__text">
    <h2 class="product-nav__product-name">ABC-1255QR</h2>
    <p class="product-nav__description">
      The quick brown fox jumps over the lazy dog...
    </p>
    <ul class="product-nav__nav-list">
      <li class="product-nav__nav-list-item"><a href="#">Link</a></li>
    </ul>
  </div>
</div>
```

再來，如下編寫 CSS 的程式碼。

這邊省略細項的樣式，使用指派給各要素的類別，以**類別選擇器**套用樣式。

```
.product-nav { ... }
.product-nav__img { ... }
.product-nav__text { ... }
.product-nav__product-name { ... }
.product-nav__description { ... }
.product-nav__nav-list { ... }
.product-nav__nav-list-item { ... }
```

將一整組的 HTML 和 CSS 當作一個區塊。

區塊即前面所說的元件。在 BEM 中，會將使用者介面的單元稱為區塊。

畫面是區塊的集合

畫面是由區塊集合而成。以剛才的圖例來說，假設有如下的頁面：

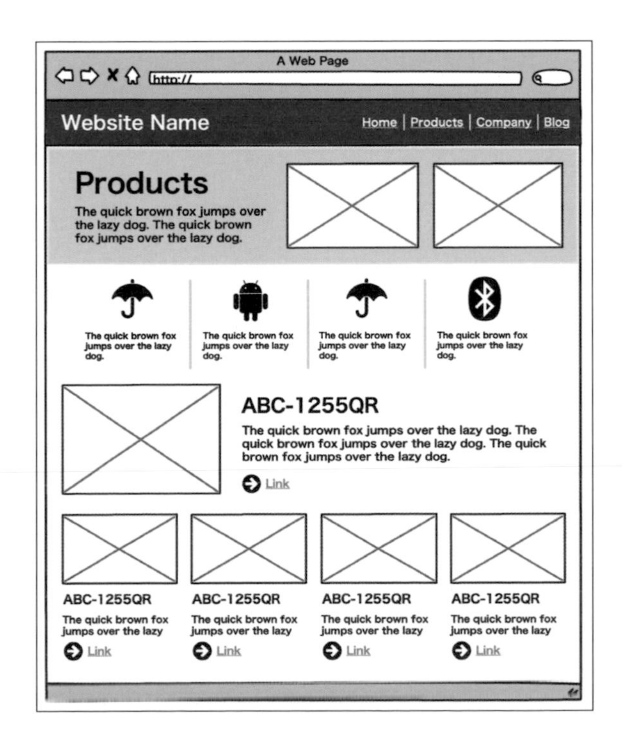

那麼，可看作是這些區塊的集合。

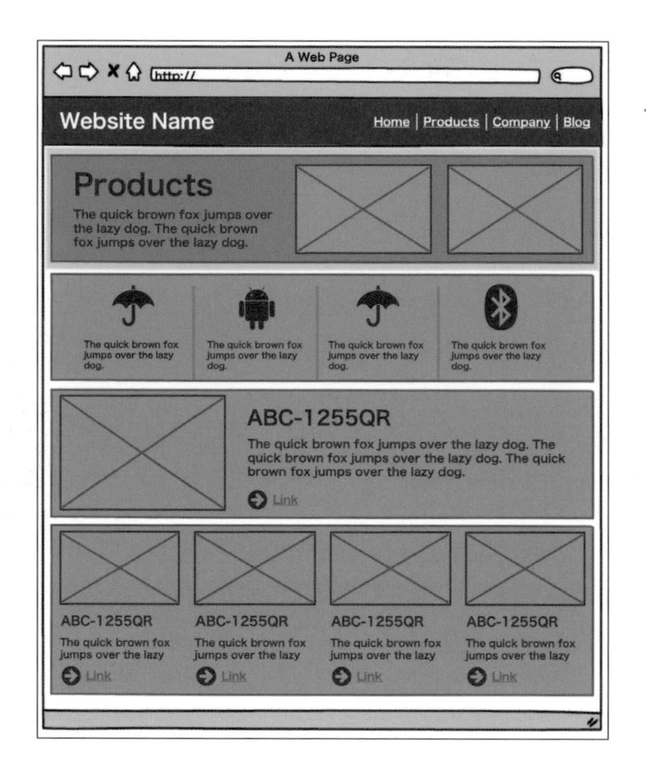

上圖紅框圍起的部分，分別是獨立的區塊。

對每個區塊都準備如同前面的 HTML 和 CSS，像這樣**將頁面作成區塊的集合**，即是 BEM 的基本思維。

除了區塊之外，BEM 還有**元素**、**修飾符**的概念。

後面將分別深入討論區塊、元素、修飾符。

專欄

專欄 BEM 並非僅限定於 HTML 和 CSS

當聽到 BEM 的時候，大家通常會認為是編寫 HTML ／ CSS 的方法論。編寫的 HTML 要這樣指派類別，CSS 要這樣撰寫程式碼，將頁面的內容劃分不同的區塊……等，這應該是多數人對 BEM 的印象。

然而，BEM 其實是更為廣泛的概念，裡頭有應該怎麼由 JavaScript 操作區塊、應該如何決定檔案架構等內容，亦有以 BEM 規範建構網頁應用程式的 JavaScript 函式庫。前往官方網站可知，BEM 並非僅限定於 HTML 和 CSS，還包括了如何轉成元件的思維與實作。

雖然 BEM 討論的內容廣泛，但極端來講，HTML 和 CSS 以外的部分不太受到歡迎。筆者也未曾用過 BEM 形式的 JavaScript 函式庫。本書後面會稍微提到的 React、Vue.js，是如同 BEM 採用元件導向的函式庫，廣泛用於各處，儼然成為當今趨勢。相較於多數開發人員使用 React、Vue.js，幾乎沒有人以 BEM 函式庫製作網頁應用程式。至少筆者沒有聽過周遭有人使用，BEM 函式庫幾乎沒有活躍於實務工作的機會。

如前所述，BEM 其實是更為廣泛的概念，但大部分的人都認為是編寫 HTML 和 CSS 的方法論，這個認知也沒有太大的錯誤。作為編寫 HTML 和 CSS 的方法論，BEM 深得多數開發人員的青睞，獲得廣大的知名度。

第 4 章

BEM 的 B ＝區塊

本章將會講解 BEM 的 B，深入討論區塊的內容。

劃分區塊的例子

上次稍微提到了區塊是什麼概念，這裡就由 BEM 的角度，看看常見網站的架構吧。

Amazon 的例子

例如，下圖是日本 Amazon 的首頁。

Amazon
https://www.amazon.co.jp

當然，Amazon 並非基於 BEM 架設的網站，但就 BEM 的角度來看，畫面可像這樣劃分區塊。方框圍起的各個單元即為區塊。

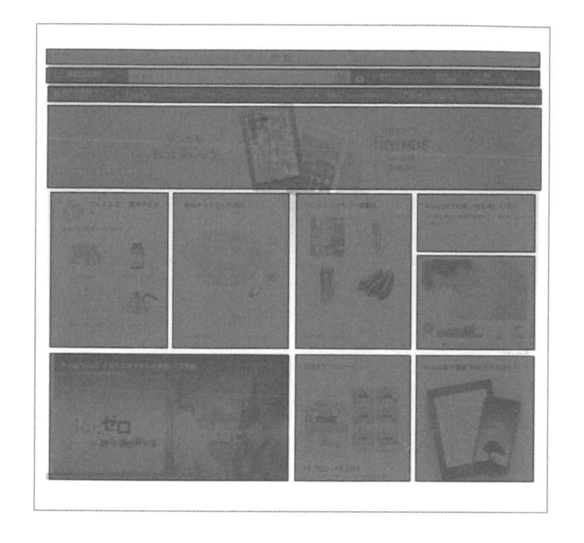

東京都網站的例子

接著來看東京都的網站。

東京都官網首頁

https://www.metro.tokyo.lg.jp

同樣地，以 BEM 的角度來看……網頁可像這樣劃分。

如前所述，**區塊是將構成畫面的要素，劃分成大小適中的區塊**。沿用前章的舉例，若將畫面比喻為畫作，則各個區塊分別就是蘋果、盤子。

何謂區塊？

是否覺得稍微瞭解區塊的概念了呢？

不過，何謂區塊？這個問題又難用一句話來答覆。即便說「以適當的大小劃分」，仍舊讓人摸不著頭緒吧。

哪種劃分方法才適當？

以剛才提到的東京都網站來説，可如右劃分出最新資訊的區塊。

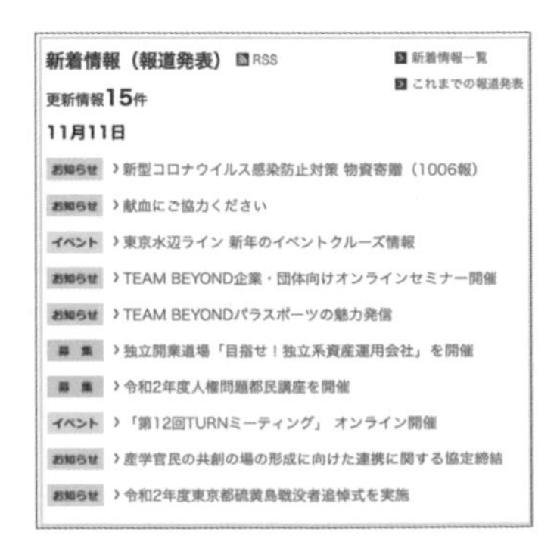

不能夠加上旁邊的使用者介面，如下劃分出區塊嗎？

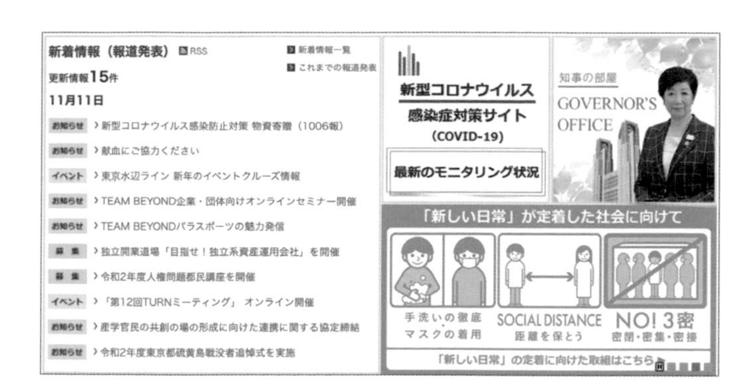

該怎麼判斷哪種才適當呢？

區塊的定義

在 BEM 的官方網站，如下定義了區塊：

「A logically and functionally independent page component」

中文可翻成「邏輯上／功能上獨立的頁面元件」，感覺還是似懂非懂……這邊請回想前章討論的「元件」。

「將自己容易使用的劃分單位當作『元件』。」

上次是劃分「麵包」、「洋蔥」、「酪梨」等，一一描繪來完成整幅畫作，但僅是自認方便的單元，只要自己覺得容易描繪，也可劃分成「麵包和洋蔥」、「酪梨」。

言歸正傳，**區塊是構成頁面的物件，僅只如此而已**。雖說「邏輯上／功能上獨立」，但其意思仍舊曖昧不明。BEM 的思維不過是將頁面視為區塊的集合，增加設計上的便利性。

換言之，不存在適當大小的基準，在編寫 HTML 和 CSS 時，必須自行做好決定。CSS 設計的方法論僅提供思維和實作方法，至於怎麼設計端看自身的想法。

因此，東京都網站最新資訊的部分，**採用哪種劃分方式都可以**。

這樣該怎麼決定區塊呢？

怎麼決定區塊沒有標準答案。網頁開始營運後，他人看到自己決定的區塊大小，或許會稱讚：「這樣的大小不錯耶。」然而，完全沒有提示也無所適從，故筆者想了一下有沒有可用的指標。

順便一提，後面會使用「**粒度**」表達元件的大小。所謂的「粒度」，是指構成要素的粗細、大小，比如可說「該區塊具有適當的粒度」。

獨自決定使用者介面的情況

在獨自設計網站、編寫 HTML 和 CSS 的時候，事先決定以什麼單位反覆利用使用者介面，會比較容易掌握情況。然而，一面決定怎麼活用使用者介面，一面思考設計也沒有關係。

例如，這種設計如何呢？在圖片和說明文字的旁邊安排內文。若覺得各處都會用到，則將這個作成區塊。

The quick brown fox jumps over the lazy dog. The quick brown fox jumps over the lazy dog. The quick brown fox jumps over the lazy dog. The quick brown fox jumps over the lazy dog. The quick brown fox jumps over the lazy dog. The quick brown fox jumps over the lazy dog. The quick brown fox jumps over the lazy dog. The quick brown fox jumps over the lazy dog. The quick brown fox jumps over the lazy dog.

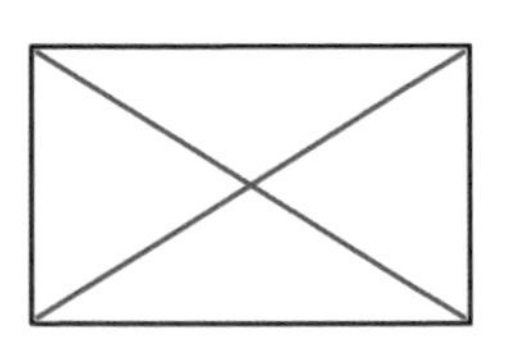

The quick brown fox jumps over the lazy dog. The quick brown fox jumps over the lazy dog.

接著是「常見問題」的 Q&A 使用者介面。這感覺也會重複利用，故也作成一個區塊。

The quick brown fox jumps over the lazy dog. The quick brown fox jumps over the lazy dog. The quick brown fox jumps over the lazy dog. The quick brown fox jumps over the lazy dog.

The quick brown fox jumps over the lazy dog. The quick brown fox jumps over the lazy dog. The quick brown fox jumps over the lazy dog. The quick brown fox jumps over the lazy dog. The quick brown fox jumps over the lazy dog. The quick brown fox jumps over the lazy dog. The quick brown fox jumps over the lazy dog. The quick brown fox jumps over the lazy dog.

再來是表格與文字說明的組合。這也是會重複利用，故也作成一個區塊。

Name (job title)	Age	Nickname	Employee
Giacomo Guilizzoni Founder & CEO	40	Peldi	◉
Marco Botton Tuttofare	38		☑
Mariah Maclachlan Better Half	41	Patata	⊟
Valerie Liberty Head Chef	:)	Val	☑

The quick brown fox jumps over the lazy dog. The quick brown fox jumps over the lazy dog. The quick brown fox jumps over the lazy dog. The quick brown fox jumps over the lazy dog.

當覺得「其他地方也會用到」、「之後會再重複利用」，就可以作成區塊。BEM 定義中的「功能上獨立」，可稍微當作劃分的提示。Q&A 區塊是將 Question 和 Answer 的組合視為一項功能，而在表格和文字說明的區塊，文字說明是表格的補充資訊，兩者也可合起來當作一項功能。

目前僅說明 BEM 中的 B 部分，可能還沒有什麼具體的感想。在獨自設計網站的時候，**採用什麼樣的粒度決定區塊，基本上沒有任何限制**。

非獨自決定使用者介面的情況

工作上，常會遇到不同人設計規劃和編寫 HTML ／ CSS 的情況。不如說，具有一定規模的網站、網頁 APP，肯定都會有這樣的分工。

在這種情況下，根據作業流程，編寫 HTML 和 CSS 的人握有劃分區塊的決定權。此時，若煩惱該將什麼劃分區塊的話，不妨與設計人員討論看看。

例如，右邊的例子如何呢？雖然是剛才的 Q&A 區塊，但 A 的下方緊接著圖片和超連結。

The quick brown fox jumps over the lazy dog. The quick brown fox jumps over the lazy dog. The quick brown fox jumps over the lazy dog. The quick brown fox jumps over the lazy dog.

The quick brown fox jumps over the lazy dog. The quick brown fox jumps over the lazy dog. The quick brown fox jumps over the lazy dog. The quick brown fox jumps over the lazy dog. The quick brown fox jumps over the lazy dog. The quick brown fox jumps over the lazy dog. The quick brown fox jumps over the lazy dog. The quick brown fox jumps over the lazy dog.

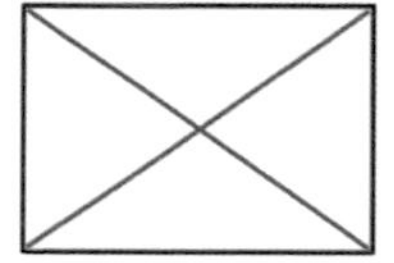
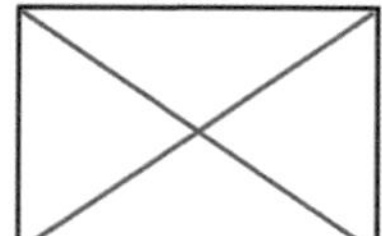

- AX2234: specification
- AX2235: specification
- AX2236: specification

HTML ／ CSS 的編寫人員閱讀設計圖時，會在這裡稍微感到苦惱。圖片和超連結應該各別作成區塊呢？還是視為 Q&A 區塊的一部分呢？

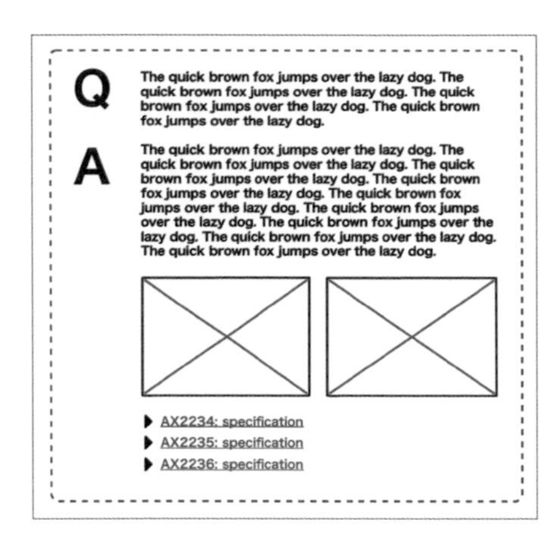

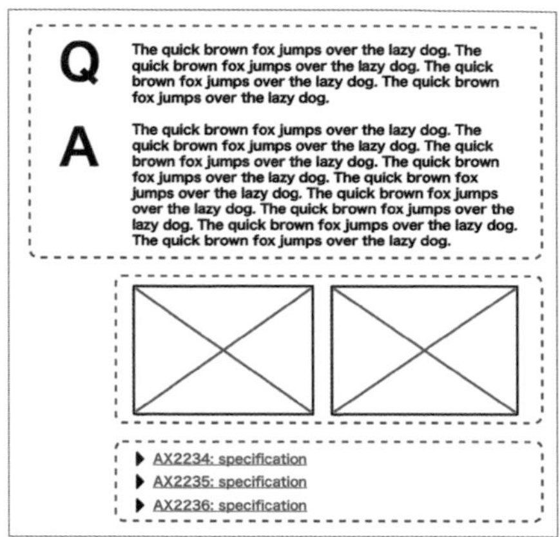

遇到這種情況，建議與設計人員討論，瞭解圖片和超連結的意圖。

與設計人員討論後得知，設計時是想將圖片、參考連結當作 Q&A 的回答內容。這樣要把圖片和超連結當作 Q&A 區塊的一部分，會比較容易理解。

然而，圖片和超連結可能不是回答的一部分，可能只是設計圖上剛好安排在 Q&A 的下方。雖然不是回答的一部分，但預計當作報導頁面的內容。

若是如此的話，各自作成單獨的區塊比較妥當。當然，編寫人員會想要訴苦：這樣很容易搞混，拜託別安排在 Q&A 的下方……。

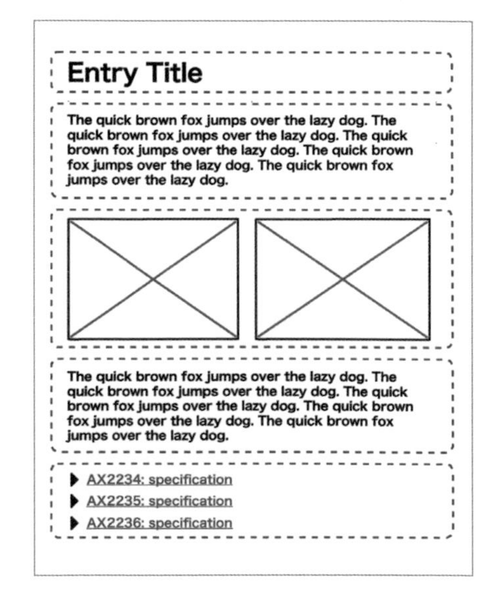

設計人員未必是根據 BEM 的元件思維來規劃頁面。當然，最終需要完成網站，除了需要編寫 HTML 和 CSS 外，理解規劃時應用的設計概念也很重要。

因此，在分工作業的情況，遇到不曉得怎麼劃分區塊時，建議向設計人員傳達 HTML 和 CSS 如何規劃，與對方一同煩惱區塊的劃分方式。HTML 和 CSS 編寫人員考量的區塊單元，與設計人員認為的使用者介面粒度可能有所出入。無視認知上的差異直接編寫程式碼，對於後續的維護是否容易進行會有很大的影響。

考量後處理

筆者認為，在考量區塊的粒度上，怎麼規劃後處理（post-process）也是重要的環節。

編寫 HTML 和 CSS 的後處理，常會嵌入 CMS、EC 封包的 HTML。若想要做的是電子商務網站，需要先編寫 HTML ／ CSS 的程式碼，再嵌入以 PHP 作成的 EC 封包。

EC 封包的工作原理是，將畫面劃分成構成要素來管理。例如，在下述付款資訊輸入頁面中，紅框圍起的「標頭」、「付款資訊填寫表單」、「總額顯示欄」，分別是由不同的模板檔案管理。

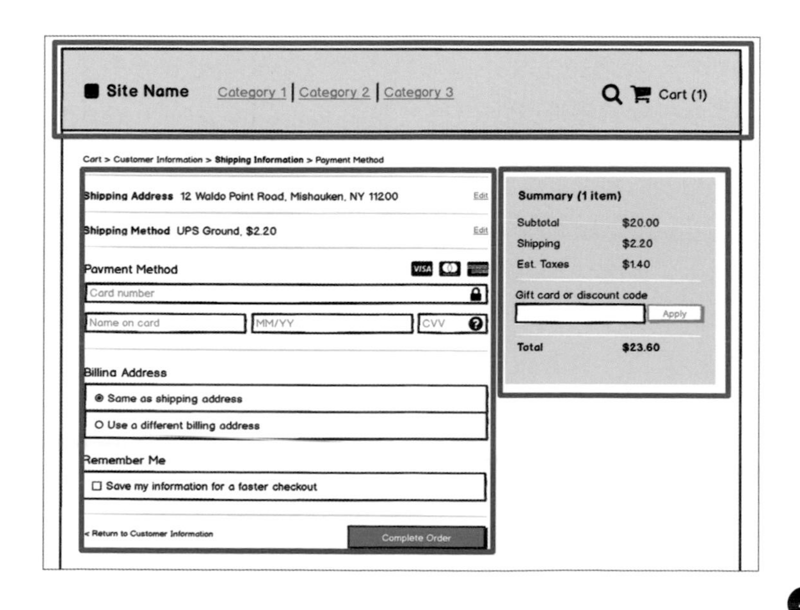

「標頭」、「總額顯示欄」是與其他頁面通用的元件，而「付款資訊填寫表單」是該頁面特有的元件。

若事前知道如此劃分的話，據此決定區塊單位也不失為一種方法。將 PHP 檔案裡頭的 HTML，也當成在 HTML ／ CSS 設計上的一個元件，後續更新時比較容易理解程式碼。

考量 CSS 的程式碼量

在決定區塊的時候，也建議留意 CSS 描述的程式碼量。

在前面的東京都網站例子，提到也可如下劃分區塊。除了左側的最新資訊外，區塊右側也包含了圖片。

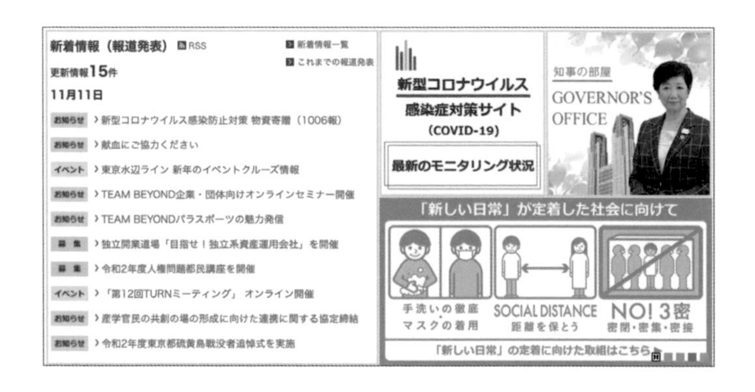

BEM 會統合管理描述同一區塊的 CSS，當區塊愈大，CSS 的程式碼愈多。就這個例子而言，僅將左側的最新資訊作成一個區塊，CSS 的程式碼比較精簡。當預想程式碼的量可能很龐大時，為了防止過於複雜，建議可將右側另外作成區塊。

區塊的定義是「邏輯上／功能上獨立的頁面元件」。再重申一次，這點模稜兩可，沒有明確的判斷基準。講得極端一點，整個頁面也可當作一個區塊。然而，如此巨大的區塊，需要數量龐大的 CSS 程式碼來描述。

目前還沒有開始編寫程式碼，等到學完元素、修飾符後，會比較容易體會這個部分。在考量區塊的粒度時，CSS 的程式碼量可作為判斷基準之一。

區塊劃分得過大，程式碼會變得太複雜、不易維護。在腦袋的某個角落，記住遇到這種情況時，可考慮多劃分幾個區塊。

區塊的編寫方式

前面談了許多區塊的原理，接著就來具體講解 HTML ／ CSS 的編寫方式。

在 BEM 當中，**類別名稱**非常重要。BEM 有著獨特的類別命名規範，據此只要看見類別名稱，就可理解 BEM 想要描述的結構。

例如，假設有如下的 HTML：

```
<div class="contact">...</div>
```

光由 HTML 程式碼無法得知，在哪裡用什麼樣的 CSS 對要素套用樣式，比如可能是套用如下的樣式：

```
/* 單純使用類別選擇器 */
.contact { ... }

/* 用於側邊欄中的內容  */
#sidebar .contact { ... }

/* 用於某個要素的底下 */
.column > .contact { ... }
```

像這樣在哪裡設定何種樣式，全部得由 CSS 檔案才能夠得知，這是編寫 CSS 時的煩惱源頭。

然而，基於 BEM 規範編寫的 HTML ／ CSS，幾乎能夠確定哪個元件的單元套用何種樣式。那麼，這是什麼樣的命名規範呢？非常簡單，**將描述該區塊名稱的文字列，指定為最外層要素的類別名稱**，僅此而已。

以前面的舉例來說，如下指定類別名稱：

最新資訊

當描述新聞的專欄取為 news-column，使用者介面的 HTML 最外層要素，如下指定類別名稱：

```
<div class="news-column">...</div>
```

新着情報（報道発表） RSS
新着情報一覧
これまでの報道発表
更新情報15件
11月11日
お知らせ 〉新型コロナウイルス感染防止対策 物資寄贈（1006報）
お知らせ 〉献血にご協力ください
イベント 〉東京水辺ライン 新年のイベントクルーズ情報
お知らせ 〉TEAM BEYOND企業・団体向けオンラインセミナー開催
お知らせ 〉TEAM BEYONDパラスポーツの魅力発信
募 集 〉独立開業道場「目指せ！独立系資産運用会社」を開催
募 集 〉令和2年度人権問題都民講座を開催
イベント 〉「第12回TURNミーティング」 オンライン開催
お知らせ 〉産学官民の共創の場の形成に向けた連携に関する協定締結
お知らせ 〉令和2年度東京都硫黄島戦没者追悼式を実施

圖片區塊

右側配置圖片、左側安排內文，是 CSS 設計上常見的布局，通常取為「media - 物件」等通用的名稱。假設這裡取為 media-block，程式碼如下：

```
<div class="media-block">...</div>
```

The quick brown fox jumps over the lazy dog. The quick brown fox jumps over the lazy dog. The quick brown fox jumps over the lazy dog. The quick brown fox jumps over the lazy dog. The quick brown fox jumps over the lazy dog. The quick brown fox jumps over the lazy dog. The quick brown fox jumps over the lazy dog. The quick brown fox jumps over the lazy dog.

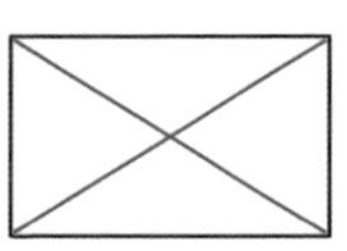

The quick brown fox jumps over the lazy dog. The quick brown fox jumps over the lazy dog.

或者，若這是用來介紹某項商品，也可取為 product-info，程式碼如下：

```
<div class="product-info"></div>
```

Q&A

不會用於其他地方，故取名為 q-and-a，程式碼如下：

```
<div class="q-and-a">...</div>
```

The quick brown fox jumps over the lazy dog. The quick brown fox jumps over the lazy dog. The quick brown fox jumps over the lazy dog. The quick brown fox jumps over the lazy dog.

The quick brown fox jumps over the lazy dog. The quick brown fox jumps over the lazy dog. The quick brown fox jumps over the lazy dog. The quick brown fox jumps over the lazy dog. The quick brown fox jumps over the lazy dog. The quick brown fox jumps over the lazy dog. The quick brown fox jumps over the lazy dog. The quick brown fox jumps over the lazy dog.

表格

表格可直接命名 `table`，但還包括標題和文字説明，故也可取為 `table-block`、`table-set`……等。

```
<div class="table-set">...</div>
```

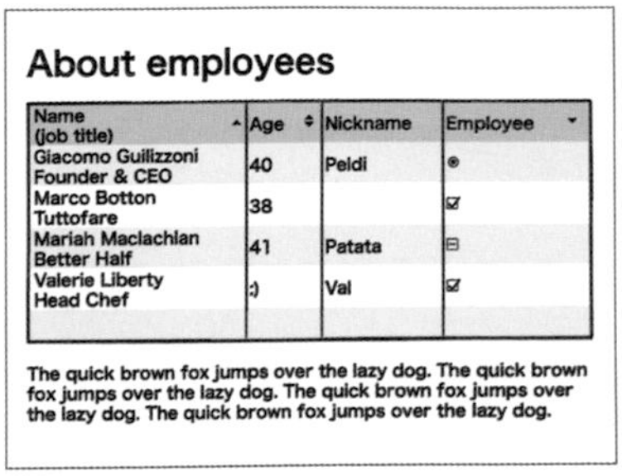

或者，若這是職員資料的表格，也可取名為 `employee-table` 等。

```
<div class="employee-table">...</div>
```

About employees

Name (job title)	Age	Nickname	Employee
Giacomo Guilizzoni Founder & CEO	40	Peldi	◉
Marco Botton Tuttofare	38		☑
Mariah Maclachlan Better Half	41	Patata	⊟
Valerie Liberty Head Chef	:)	Val	☑

The quick brown fox jumps over the lazy dog. The quick brown fox jumps over the lazy dog. The quick brown fox jumps over the lazy dog. The quick brown fox jumps over the lazy dog.

……前面舉了許多例子，但目前先不用在意細節，只要知道將區塊名稱指定為最外層要素的名稱就行了。不過，這裡得留意一個基本規範——**不要使用「_（底線）」**，理由留到後面詳細解說。

CSS 的編寫方式

然後，CSS 的編寫方式也很單純，以指定類別的**類別選擇器**套用樣式。最後一個例子的程式碼如下：

```
.employee-table { ... }
```

雖説如此，目前還只是操作最外層的要素，更重要的是對裡頭的內容套用樣式。

閱讀至此可能有注意到，BEM 的首要之務就是**命名區塊**。這點希望各位能夠牢記在心中。

●

那麼，該怎麼決定區塊裡頭的內容呢？
關於這個部分，留到下一章的元素再來講解吧。

第 5 章

BEM 的 E ＝元素

本章將會講解 BEM 的 E，深入討論元素的內容。

何謂元素？

翻閱字典，Element 有下述解釋：

- 元素
- 物件
- 成分

跟元件時一樣，果然也令人摸不著頭緒……。

在 BEM 官網上，元素的定義如下：

「A composite part of block that can't be used separately from it」

意思是「區塊的構成要素、無法再切割使用的物件。」不必想得過於艱難，可直觀理解成：**區塊中的各種要素即為元素**，且**不能夠用於其他的區塊**。

以前章提到的 Q&A 區塊為例，在最外層命名了區塊名稱的類別。當然，裡頭也使用各種要素進行標記。

例如下述程式碼：

```
<dl class="q-and-a">
  <dt><abbr title="Question">Q</abbr> The quick brown fox...</dt>
  <dd><abbr title="Answer">A</abbr> The quick brown fox...</dd>
</dl>
```

此時，裡頭各個要素分別為元素。右圖使用方框圍起元素。

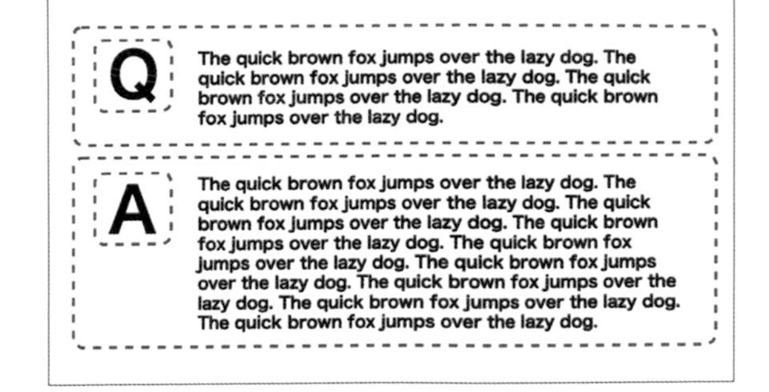

嗯？不就是用紅框區分要素嘛？

這麼說也沒有錯，元素並不必想得太難。將頁面以適當的大小劃分構成要素，每個劃分就是前章所說的區塊。BEM 的思維是，**將區塊的構成要素全部當作元素來管理**。

元素的編寫方式

如同區塊的講解，來看 HTML 和 CSS 的編寫方式。

元素同樣也會分別取名稱。以 Q&A 為例，元素可如下命名：

- Q 符號與相關內容：q
- 問題 Q 的文字敘述：q-marker
- A 符號與相關內容：a
- 回答 A 的文字敘述：a-marker

此時，這些名稱僅用於該區塊當中，故與其他區塊的元素名稱重複也沒有關係。

跟區塊一樣，這些元素的名稱也用於類別名稱，但並不會直接使用，而是在文字列前面加上「**區塊名稱 __**」。**區塊名稱後面會加上兩個底線**。在 BEM 當中，「__」是用來隔開區塊名稱和元素名稱的符號。這是元素類別名稱的命名規範。

於是，元素可如下命名：

- Q 符號與相關內容：q-and-a__q
- 問題 Q 的文字敘述：q-and-a__q-marker
- A 符號與相關內容：q-and-a__a
- 回答 A 的文字敘述：q-and-a__a-marker

將這些指定成各個要素的類別名稱：

```
<dl class="q-and-a">
  <dt class="q-and-a__q">
    <abbr class="q-and-a__q-marker" title="Question">Q</abbr>
    The quick brown fox...
  </dt>
  <dd class="q-and-a__a">
    <abbr class="q-and-a__a-marker" title="Answer">A</abbr>
    The quick brown fox...
  </dd>
</dl>
```

這樣就完成 HTML 的程式碼。

然後，準備對應此 HTML 的 CSS，並以剛才設定的類別，如下使用類別選擇器套用樣式。

在 BEM 當中，選擇器的寫法固定，這邊省略具體的樣式細節。裡頭可依自己的喜好來撰寫。

```
.q-and-a { ... }
.q-and-a__q { ... }
.q-and-a__q-marker { ... }
.q-and-a__a { ... }
.q-and-a__a-marker { ... }
```

這就是元素的 CSS 編寫方式。

將頁面劃分不同的區塊，把區塊中的要素全部當作元素，並分別給予名稱，遵從 BEM 規範命名類別名稱後，再全部以簡單的類別選擇器套用樣式。依照前面的講解內容，已經能夠編寫 BEM 形式的 HTML ／ CSS。

元素的規範

元素需要遵守一項規範——**不可用於所屬區塊以外的地方**。以前面的Q&A為例，「Q」、「A」等圍起單一文字的 <abbr class="q-and-a__q-marker"></abbr>，不可因為大寫文字想朝左突出一點，就用於其他的區塊當中。

接著來看前章提到的 table-set。

若將其視為一個區塊的話，元素分別是標題部分、表格本身、文字說明。雖然會想在他處使用這些元素，但 BEM 不允許這種做法。

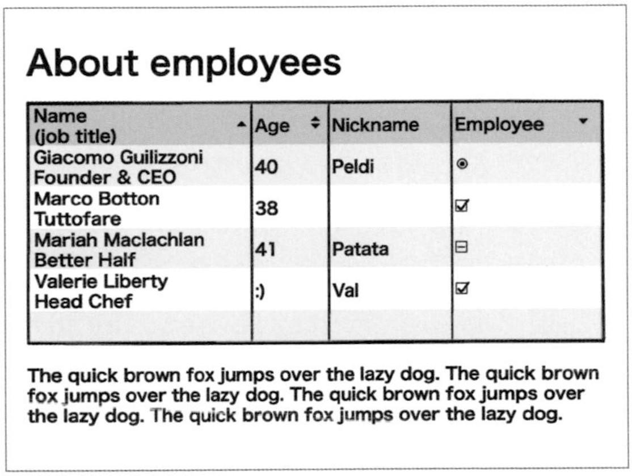

About employees

Name (job title)	Age	Nickname	Employee
Giacomo Guilizzoni Founder & CEO	40	Peldi	◉
Marco Botton Tuttofare	38		☑
Mariah Maclachlan Better Half	41	Patata	⊟
Valerie Liberty Head Chef	:)	Val	☑

The quick brown fox jumps over the lazy dog. The quick brown fox jumps over the lazy dog. The quick brown fox jumps over the lazy dog. The quick brown fox jumps over the lazy dog.

筆者會用以下的方式命名類別名稱：

- **標題**：table-set__heading
- **表格**：table-set__table
- **文字說明**：table-set__caption

將指定這些類別名稱的要素插入其他的區塊當中，確實可重現同樣的外觀，但這樣的用法違反 BEM 的規範，它們是 table-set 專用的物件。元素是**「區塊的構成要素、無法再切割使用的物件」**。

假使想在他處使用同樣的標題、文字說明，應該另外作成單獨區塊來處理。

冗長的程式碼

等等，這類別名稱也太長了吧……？可以這樣取名嗎？

……有些人可能感到疑惑。筆者也有類似的感受。
這不會太冗長了嗎？
有需要這麼長的類別名稱嗎？
這不是我喜歡的形式……
許多人肯定會這麼想。

使用這麼長的類別名稱後，會對「類別名稱」本身感到不對勁。指定類別屬性的值，通常是由 1 ～ 3 個描述該元素的單字組成。以類別屬性所指定的文字列為「名稱」，所以才稱為「類別名稱」……。BEM 的類別名稱完全顛覆了這個思維。`table-set__heading` 這個類別名稱結合了區塊名稱和元素名稱。

就算不使用冗長的類別名稱，的確也能夠編寫 CSS。而且，所有元素都要一一取名也非常麻煩。然而，刻意使用 BEM 形式的長類別名稱編寫 HTML ／ CSS，可獲得幾項好處。下面列舉三個好處：

1. **防止樣式發生衝突**
2. **僅由 HTML 就可理解設計人員所想的架構**
3. **CSS 選擇器變得相當單純**

一項一項來說明。

1. 防止樣式發生衝突

首先，第一個好處是防止樣式發生衝突。
在第 2 章「缺少 CSS 設計會遇到的困擾」中，舉例了不假思索編寫 CSS 時會遇到的困擾。這些困擾可簡單歸納為下述情況：

- 自己編寫的 HTML 套用了意想不到的樣式。
- 自己編寫的 CSS 影響了意想不到的地方。

以 BEM 編寫 HTML ／ CSS，幾乎不會發生這樣的困擾。這是選擇 BEM 最大的理由之一。

為何樣式不會發生衝突呢？簡單來説，如此長又獨特的單元名稱，其他地方根本不會使用。到目前為止，指派給 HTML 各個元素的類別名稱，有下述兩種類型：

- 區塊名稱（例如：<C>q-and-a</C>）
- 區塊名稱 __ 元素名稱（例如：<C>q-and-a__q-marker</C>）

然後，如下使用類別選擇器套用樣式：

```
.q-and-a { ... }
.q-and-a__q { ... }
.q-and-a__q-marker { ... }
.q-and-a__a { ... }
.q-and-a__a-marker { ... }
```

其他地方會使用這些類別名稱嗎？

只要遵從 BEM 規範編寫 HTML ／ CSS，就不太會遇到這種情況……不如説，其他的規範根本不會這樣取類別名稱。

將區塊名稱和元素名稱想成姓氏和名字，可能會比較容易理解。

區塊是姓氏、元素是名字，亦即 `q-and-a` 是姓氏；`q`、`q-marker`、`a`、`a-marker` 是名字。因為是「鈴木」家的「太郎」先生，故稱為「鈴木太郎」。同理，因為是 `q-and-a` 的 `q`，故稱為 `q-and-a__q`。

元素套用樣式的時候，如「鈴木太郎」使用完整姓名來指定，除非遇到同名同姓的人物，否則不會對其他人造成影響。同樣地，除非遇到相同區塊名稱、相同元素名稱，否則不會對其他要素造成影響。

順便一提，元素的類別名稱包含了「__」，在前章的討論有稍微提到，區塊名稱有規定不可使用「_」，不需要擔心出現 `q-and-a__q` 等區塊名稱。這道理跟沒有人的姓氏為「鈴木太郎」一樣。

唯一要留意的地方是，不要作成第二個 q-and-a 區塊。若一同編寫 CSS 的團隊成員也為區塊取名 q-and-a，彼此的 CSS 程式碼就會發生衝突。

像這樣共同作業的時候，必須注意不要重複區塊名稱。換言之，**只要區塊名稱不重複，以 BEM 編寫就不會發生樣式衝突的情況**。

在編寫程式碼之前，先決定區塊的劃分方式和名稱，會有助於後續的共同作業。

限制範圍的類別名稱

若 BEM 的規範是元素名稱跟區塊名稱一樣，僅以取名來使用類別選擇器套用樣式，情況會如何呢？以 Q&A 為例，程式碼如下：

```
<dl class="q-and-a">
  <dt class="q">
    <abbr class="q-marker" title="Question">Q</abbr>
    The quick brown fox...
  </dt>
  <dd class="a">
    <abbr class="a-marker" title="Answer">A</abbr>
    The quick brown fox...
  </dd>
</dl>
```

```
.q-and-a { ... }
.q { ... }
.q-marker { ... }
.a { ... }
.a-marker { ... }
```

結果，其他指定 q、a 類別的要素，全部都套用樣式。

在這種規範下，開發人員得非常慎重地決定元素名稱。因此，如同元素前綴 q-and-a__，藉由賦予區塊名稱的資訊，將範圍限制於同一區塊內，可避免名稱重複造成問題。

以剛才的「鈴木太郎」為例，若僅命令「太郎」轉為紅色的話，不相關的「田中太郎」也會跟著轉為紅色。遇到這種情況，BEM 的做法是命令「鈴木太郎」轉為紅色，這樣就不會對「田中太郎」造成影響。

2. 僅由 HTML 便可理解設計人員所想的架構

第二個好處是容易掌握架構。當用 BEM 編寫的程式碼，光由 HTML 就可知道設計人員所想的架構，實務上可帶來莫大的安心感。

例如，如右的卡片式使用者介面。

請比較下述兩種 HTML 程式碼：

BEM形式

```
<div class="card">
  <img class="card__img" alt="..." src="..." />
  <div class="card__body">
    <h5 class="card__title">Product title</h5>
    <p class="card__text">The quick brown fox jumps...</p>
    <a class="card__btn" href="#">Go somewhere</a>
  </div>
</div>
```

非BEM形式

```
<div class="card">
  <img class="img" alt="..." src="..." />
  <div class="body">
    <h5 class="title">Product title</h5>
    <p class="text">The quick brown fox jumps...</p>
    <a class="btn" href="#">Go somewhere</a>
  </div>
</div>
```

即便是僅讀到這邊的讀者，也可馬上判斷 BEM 形式的程式碼哪邊是區塊、哪邊是元素。光由 HTML 就可知道，將什麼單元當作區塊。這個 HTML 的 CSS 程式碼可如下編寫：

```
.card { ... }
.card__img { ... }
.card__body { ... }
.card__title { ... }
.card__text { ... }
.card__btn { ... }
```

與此相對，非 BEM 形式的 HTML 如何呢？光由 HTML 會猜測，CSS 可能是採用類似 BEM 的元件來編寫。例如，這樣的程式碼：

```
.card { ... }
.card .img { ... }
.card .body { ... }
.card .title { ... }
.card .text { ... }
.card .btn { ... }
```

不過是否真的如此，就得查看 CSS 才能夠確定。查看程式碼後也很有可能發現，因設想按鈕、標題的部分用於其他使用者介面，而編寫了選擇器。

```
.title { ... }
.btn { ... }
```

在非 BEM 形式的 HTML，光由程式碼難以判斷實作人員怎麼決定元件單元，甚至連是否以元件思維來撰寫都不知道。

習慣以 BEM 形式編寫程式碼後，遇到這樣的 HTML 會感到不安：「嗚哇！它的 CSS 沒問題嗎？」**光由 HTML 就可理解架構**，是 BEM 優異的特徵。

3. CSS 選擇器變得相當單純

第三個好處是，CSS 的選擇器變得相當單純。

在第 2 章「缺少 CSS 設計會遇到的困擾」中，提到無法套用自己編寫的 CSS 樣式，不得不使用 `!important` 的窘境。這個問題跟**選擇器的權重（specificity）**有關。

雖然本書不會深入講解，但 CSS 選擇器的權重會因指派方式而異，直接套用優先度高的樣式。

例如，有如下的設計圖和 HTML，預計在主要區域的頂部顯示重要訊息。

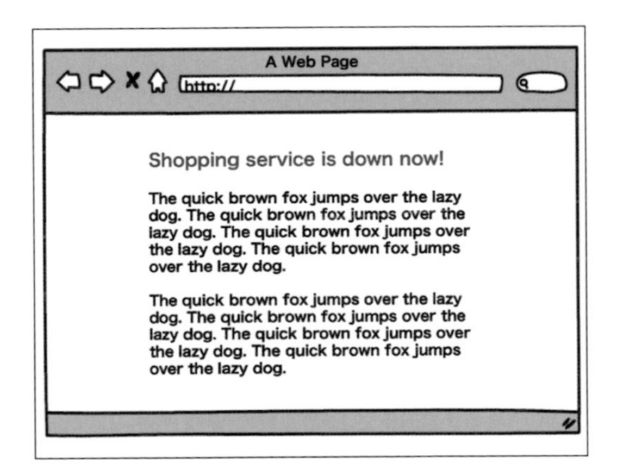


```
<main id="main">
  <p class="important-note">
    <strong>Shopping service is down now!</strong>
  </p>
  ...
</main>
```

此 HTML 加載的 CSS 如下：

```
/* 主要區域的文字顯示黑色 */
#main p { color: black; }

/* 重要訊息顯示紅色 */
.important-note { color: red; }
```

編寫該 CSS 的人員想要將主要區域的文字顏色設定為 `black`（黑色），頂部緊急訊息的文字顏色設定為 `red`（紅色），期望如同設計圖讓「Shopping service is down now!」變成紅色⋯⋯。

然而，遺憾的是，緊急訊息並未呈現紅色，仍舊是黑色字體。因為 `#main p` 的權重比 `.important-note` 還要高，亦即 **id 選擇器的優先度比較大**。因此，`#main p` 所指定的 `color: black` 勝出，`.important-note` 所指定的 `color: black` 落敗。

原來如此，這還真容易搞混，心不在焉地閱讀，一不小心就會忽略了。CSS 的編寫都要考量得如此細微嗎？

然後，刻意改用 BEM 形式的選擇器，則卡片式使用者介面的 CSS 會是：

```
.card { ... }
.card__img { ... }
.card__body { ... }
.card__title { ... }
.card__text { ... }
.card__btn { ... }
```

如何呢？每個都是單獨的類別選擇器。如同前面的例子，由於不會跟其他選擇器搞混，根本不需要注意權重值的大小。

筆者認為關於權重值，不太需要詳細記住哪個比較強、怎麼樣才能勝出，有興趣時再去查詢規範即可。老實說，筆者也沒有背得很仔細，只記得這個順序：

1. id 選擇器

2. 類別選擇器

3. 元素選擇器

各位讀者也僅需要記住這三個順序，如何避免需要考慮權重的情況，反而比較重要。

採用 BEM 形式編寫，就幾乎不用擔心這種情況。

這次解說了元素的內容，BEM 式類別名稱乍看之下很冗長，但其實有著諸多好處。下一章將會講解修飾符的內容。

專欄

元素後面不會再加上元素

這邊簡單解說一下常見的誤解，BEM 沒有如下的類別名稱。這是改自前面卡片式使用者介面的 HTML 程式碼。

```
<div class="card">
  <img class="card__img" alt="..." src="..." />
  <div class="card__body">
    <h5 class="card__body__title">Product title</h5>
    <p class="card__body__text">The quick brown fox jumps...</p>
    <a class="card__body__btn" href="#">Buy</a>
  </div>
</div>
```

如同 `card__body__title`，類別名稱不會有加入兩次「__」的情況。

由於 body 底下有 `title`、`text`、`btn`，使用「__」描述元素結構會變成如上的程式碼，但 BEM 沒有在類別名稱中描述元素結構的規範。

筆者認為，BEM 之所以沒有這樣的規範，是因為採用區塊名稱加上元素名稱的單純雙層結構。若允許加入複數元素名稱，無論多麼深的層級都能夠描述，但這會造成區塊的粒度過大。當遇到粒度過大的區塊，不妨自問這是最佳的粒度嗎？

看到多層次的名稱時，筆者認為可當作是粒度過大的警告。若堅持這樣取名的話，建議使用 `card__body-title` 等非雙下底線的形式。

第6章

BEM 的 M ＝修飾符

本章將會講解 BEM 的 M，深入討論修飾符的內容。

何謂修飾符？

modify是「改變」的意思。換言之，修飾符(Modifier)是「用來改變的物件」。

要改變什麼東西呢？那就是區塊、元素。修飾符用來**增加區塊、元素的變化，表達不同的樣態**。

區塊的修飾符例子

首先，介紹使用修飾符改變區塊外觀的例子。

未使用修飾符的情況

假設有這樣的使用者介面：

有20件新訊息

該使用者介面基本上用於顯示某些通知，表單等傳送成功、失敗時如下改變顏色：

已傳送訊息

登入失敗

接著，將使用者介面作成名為message的區塊，第一個例子的程式碼如下：

```
<p class="message">有20件新訊息</p>
```

接著，該怎麼製作成功和失敗的版本呢？

根據前面學到的知識，如下分別作成message-success、message-error等不同名稱的區塊：

```
<p class="message-success">已傳送訊息</p>
<p class="message-error">登入失敗</p>
```

這樣編寫沒有什麼問題。不過，同樣外觀的使用者介面，前面已有許多共通的樣式，僅差在顏色不同而已。此時，就輪到修飾符登場了。

使用修飾符的情況

這個例子使用修飾符後，可對名為message的區塊，賦予下述兩種變化：

- 成功時的顯示
- 失敗時的顯示

針對欲賦予變化的要素，以**區塊名稱_修飾符名稱_值**的連續名稱，指定成追加的類別。

若覺得一個頭兩個大的話，直接看HTML會比較好理解。下述是HTML的內容：

```
<p class="message message_type_success">已傳送訊息</p>
<p class="message message_type_error">登入失敗</p>
```

這裡製作了以下兩種修飾符：

- message_type_success：「類型（type）」為「成功（success）」
- message_type_error：「類型（type）」為「失敗（error）」

在CSS會像這樣製作改變元素的類別，以修飾符的類別覆蓋或者追加區塊、元素的樣式。

例如，下面這樣的內容：

```
.message {
  color: #22486F; /* 藍色文字 */
  border: 1px solid #22486F; /* 藍色框線 */
  background-color: #9EC4F8; /* 淡藍色背景 */
  border-radius: 6px;
  padding: 10px;
}
.message_type_success {
  color: #425D2F; /* 綠色文字  */
  border-color: #425D2F; /* 綠色框線 */
  background-color: #C3DCB7; /* 淡綠色背景 */
}
.message_type_error {
  color: #721207; /* 紅色文字 */
  border-color: #721207; /* 紅色框線 */
  background-color: #EA9999; /* 淡紅色背景 */
}
```

只要在區塊規範後編寫修飾符的規範，上述 HTML 可於區塊規範上套用修飾符的規範，透過修飾符覆蓋顏色相關的屬性值。

修飾符的思維就是像這樣**讓區塊、元素產生變化**，採用追加類別的手段達成目的。修飾符是「用來改變的物件」，其原理可想成「換裝服飾」來幫助理解。

元素的修飾符例子

前面的舉例是，以修飾符呈現區塊本身的變化。

接著來看以修飾符呈現元素的變化。

修飾符的使用沒有任何限制，但如同前面的舉例，除了**呈現使用者介面的變化**外，也常用於**呈現使用者介面的狀態變化**。例如，在標頭、側邊欄的導覽列，顯示當前的所在位置。

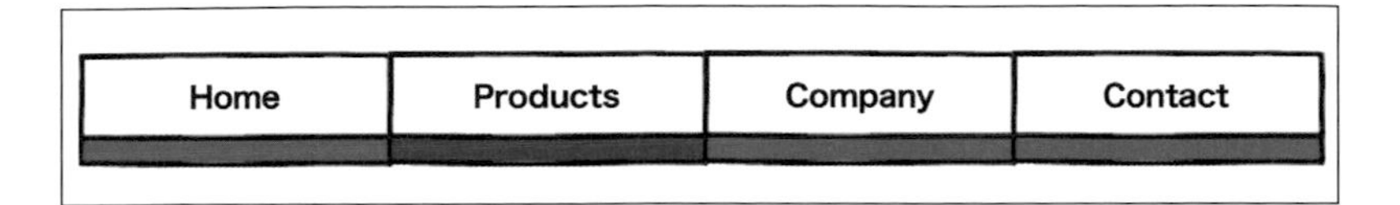

由於目前位於 Product 頁面，欲將其顯示為激活狀態。為此，來看元素套用修飾符的例子：


```
<ul class="header-nav">
  <li class="header-nav__item"><a href="#">Home</a></li>
  <li class="header-nav__item header-nav__item_state_active"><a href="#">Products</
a></li>
  <li class="header-nav__item"><a href="#">Company</a></li>
  <li class="header-nav__item"><a href="#">Contact</a></li>
</ul>
```

```
.header-nav {
  display: flex;
}
.header-nav__item {
  width: 200px;
  text-align: center;
  border: 1px solid black;
  border-bottom: 10px solid gray; /* 邊界底部為灰色 */
  padding: 1em .3em;
}
.header-nav__item_state_active {
  border-bottom-color: red; /* 邊界底部轉為紅色 */
}
```

程式碼的修飾符是 `header-nav__item_state_active`，用來改變導覽列其中一個項目 `header-nav__item`。跟區塊時的做法一樣，在元素的類別名稱後，添加「_修飾符名稱_值」製作修飾符的類別名稱。在 HTML 的程式碼中，同樣也是將修飾符指定成要素追加的類別，再編寫將 `item` 的 `state`（狀態）顯示為 `active`（激活）的程式碼。

欲對區塊、元素做某些變化或者更動的時候，可像這樣有效利用修飾符來達成目的。雖然另外製作區塊、元素也是可行的辦法，但只是稍微改變樣式的話，像這樣利用修飾符往往比較方便。

使用 JavaScript 賦予畫面變化的時候，會頻繁利用這種手法改變狀態。

省略寫法①

在前面兩個例子中，修飾符是採用完整的 BEM 寫法。然而，伴隨 BEM 廣泛用於各處，修飾符的省略寫法也逐漸被接受。

具體來說，類別名稱的省略寫法如下：

- message_type_success → message--success
- message_type_error → message--error
- header-nav__item_state_active → header-nav__item--active

程式碼變成：

```
<p class="message message--success"已傳送訊息</p>
<p class="message message--error">登入失敗</p>
<li class="header-nav__item header-nav__item--active"><a href="#">Products</a></li>
```

「_ 修飾符名稱 _ 值」的部分直接省略成「-- 值」。

由 HTML 能夠理解其中的意思，且這樣編寫程式碼也變得相當輕鬆。不如說，這種寫法過於普及，甚至許多人認為修飾符就是「-- 值」。

由於簡單易懂又沒有大問題，本書也採用這種編寫方式。

省略寫法②

還有另外一種省略寫法，修飾符完全不含有區塊名稱、元素名稱。以 message 為例：

```
<p class="message --success">表單傳送成功</p>
<p class="message --error">郵件位址的格式錯誤す</p>
```

這個 HTML 的 CSS 如下：

```
.message.--success { ... }
.message.--error { ... }
```

而選單的程式碼如下：

```
<li class="header-nav__item --active"><a href="#">Menu2</a></li>
```

```
.header-nav__item.--active { ... }
```

透過採用複數類別的類別選擇器，定義套用修飾符時的樣式。原來如此，這種寫法的確挺單純，也相當受到青睞。其缺點是 CSS 選擇器的權重會變高，但由於僅作用於小範圍，造成問題的情況並不多。

這種寫法的缺點是，光由「`--success`」的類別名稱，難以判斷是僅為 `message` 區塊的修飾符，還是本書後面的功能類別（Utility Class）。乍看之下可能難以辨別，但這部分可依照專案來統整規範。

順便一提，BEM 並未排斥修飾符的省略寫法，官方網站也有介紹社群網站的衍生寫法，故不必擔心違背 BEM 方法論。

●

如前所述，修飾符的作用是改變區塊、元素。

想要更動使用者介面，或者以 JavaScript 改變狀態的時候，常以修飾符達成目的。透過修飾符編寫程式碼，區塊、元素的數量往往比較精簡。

第 7 章

BEM 的其他內容

前面講解了區塊、元素、修飾符的內容。

總結來說，BEM 可帶來下述好處：

- 不易發生樣式衝突
- 容易理解架構
- 編寫 CSS 時不必顧慮權重問題

然而，BEM 的類別名稱取得冗長，也有許多人不喜歡這樣的名稱。不過，第 2 章提到的「缺少 CSS 設計會遇到的困擾」，大部分可藉此方法排除也是不爭的事實。在探討為何 BEM 形式的 HTML 和 CSS 寫法如此普及時，不難想見有多麼多的開發人員為這些問題感到苦惱。

本章會介紹幾個有關 BEM 的議題，當作 BEM 最後的講解內容。

怎麼編寫區塊名稱、元素名稱

前面沒有特別講解這個部分，但程式碼在表達複數單字的時候，BEM 的類別名稱會像這樣以連字號來串接。

```
.global-primary-nav__menu-item--active { ... }
```

這種全部以小寫表示、單字間插入連字號的編寫方式，稱為**烤肉串式命名法**（kebab case）。在 BEM 官網介紹的寫法，基本上皆採用烤肉串式命名法。

然而，隨著 BEM 普及開來，大家開始嘗試各種寫法。除了經典的烤肉串式命名法外，BEM 官網也有介紹社群網站廣泛使用的寫法。

駝峰式命名法

具體來說，程式碼如下：

```
.GlobalPrimaryNav__MenuItem { ... }
```

```
.globalPrimaryNav__menuItem { ... }
```

這稱為**駝峰式命名法**（camel case），將所有單字的字首以大寫表示的方法。**大駝峰式命名法**（upper camel case）是第一個單字的字首也以大寫表示；**小駝峰式命名法**（lower camel case）是第一個單字的字首以小寫表示。烤肉式命名法的單字間是以連字號來區隔，而駝峰式命名法是將字首改為大寫字母。

專欄

偏好大駝峰式命名法

就筆者個人而言，區塊名稱和元素名稱偏好使用大駝峰式命名法，如下：

```
.GlobalPrimaryNav__MenuItem--active { ... }
```

雖然讀者未必要這麼做，但筆者這麼做是有原因的，我會在底下說明這麼做的理由。

所謂的區塊、元素，是指以 HTML 和 CSS 描述某使用者介面所想出來的抽象概念。在將該抽象概念落實到程式碼的時候，HTML 和 CSS 是藉由類別名稱來套用樣式。換言之，區塊、元素也可說是經過畫面渲染（render）的使用者介面雛形。

無論是 Ruby 還是 Java，在大多數的程式語言中，當作介面雛形的「類別」，其命名規範一般都是字首為大寫字母。考量程式語言長久以來的習慣，在描述區塊、元素的單字時，同樣也以大寫為字首不覺得比較沒有違和感嗎？但這只是筆者個人的看法，讀者可照自己喜歡的方式來編寫。

區隔的符號

BEM 可改用其他的區隔符號，例如：

```
.GlobalPrimaryNav-MenuItem { ... }
```

駝峰式命名法的兩個底線顯得冗長，故改用一個連字號區隔區塊和元素。

關於這個部分，各個方法的優缺點差異不大，沒有對開發的方便性帶來明顯的變化，選擇哪種方法幾乎是喜好上的問題。不過，在相同的專案中，若未事先決定編寫規範，日後可能遇到混亂的情況，需要注意這個地方。

BEM 帶來的好處

就筆者的個人感想而言，採用 BEM 形式編寫後，CSS 設計的思維會變得更加寬廣，幫助許多開發人員體會底線、連字號的重大意義。

簡單來説，欲將想要做的事情轉成元件，HTML 和 CSS 卻無法順利描述。儘管使用較新穎的選擇器多少能夠解決問題，但實務上仍得解決舊世代瀏覽器的相容問題。瀏覽器大約發展到 Internet Explorer7、8，BEM 才廣泛普及開來。

在這樣的環境下，真的能夠順利轉成元件嗎？真的有辦法處理編寫 CSS 時的各種問題嗎？筆者認為，BEM 就是為解決這些煩惱而誕生的方法論。

因此，在當前的 CSS 中，只有混合底線、連字號的冗長類別名稱，才有辦法解決問題。除此之外沒有其他辦法，儼然是近似放棄的實作方法。

採用 BEM 形式元件的 CSS 方法論不勝枚舉，這類思維大多都受到 BEM 的影響。就筆者的印象而言，當時的 CSS 編寫人員皆採用類似 BEM 的思維，也僅有 BEM 列出如此明確的規範。

CSS 方法論的做法大多如同 BEM，都是對類別名稱下工夫來實現元件化。因此，事先瞭解知名度高、規範明確完整、實務上也廣受歡迎的 BEM，筆者認為不會有任何損失。

學會 BEM 並自己編寫後，看到類別名稱混合連字號、底線，應該能夠理解其中的意義。若看到 HTML、CSS 有這樣的感受，那麼接觸 BEM 就沒有白費。

選擇器的編寫方式

前面已經解說，CSS 要用簡單的類別選擇器來編寫。程式碼如下：

```
.table-set { ... }
.table-set__heading { ... }
.table-set__caption { ... }
```

然而，BEM 並沒有禁止使用其他的選擇器。

舉例來說，在前章修飾符解說的選單，當時為了解說而編寫簡單的 CSS，但若實際認真設計的話，會期望指標如下對整個選單項目產生反應。

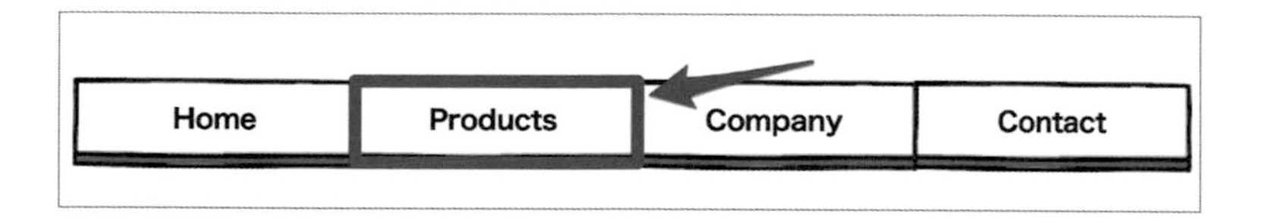


```
<ul class="header-nav">
  <li class="header-nav__item"><a href="#">Home</a></li>
  <li class="header-nav__item"><a href="#">Products</a></li>
  <li class="header-nav__item"><a href="#">Company</a></li>
  <li class="header-nav__item"><a href="#">Contact</a></li>
</ul>
```

這樣的話，a 要素必須作成 `display: block`。根據前面的講解，a 要素得指派 `header-nav__item-anchor` 等類別名稱。

不過，這樣會造成 HTML 充斥類別。明明僅是單純的 HTML，卻麻煩到不太想要指派類別……此時，會想要這樣編寫程式碼：

```
.header-nav__item a {
  display:block;
  padding: 1em .3em;
}
```

「喂喂！採用 BEM 形式的話，要作出所有類別選擇器吧？」有些人可能會感到憤怒，但 BEM 的立場其實並未排斥這種寫法。這樣 HTML 不會顯得雜亂無章，變得非常清爽。

然而，如同前面提到，像這樣大量使用類別選擇器以外的選擇器，規範的權重會出現差異，而權重差異會影響套用的樣式。因此，雖然 BEM 未禁止這種寫法，但需要有計劃性地利用。

就筆者而言，若遇到如剛才所舉的例子，會積極偷懶不使用類別名稱。因為此時 `li` 要素的底下，幾乎僅會加入 a 元素而已。如果這邊要加入各種元素，像這樣使用子孫代選擇器的話，可能造成非預期的畫面結果。不過，若是在限定的範圍內、僅加入限定要素的話，偷懶不使用冗長的類別名稱，HTML 通常會變得相當簡潔。不過，這種寫法需要注意，不要偷懶到日後自己或者他人看到這段時看不懂。

區塊的補充內容

雖然前面使用許多次「元件」這個單詞，但在 BEM 會直接將元件稱為「區塊」。以 BEM 為首的各種 CSS 方法論，「元件」一詞是指大小便於管理的使用者介面單元。

在 CSS 方法論、JavaScript 框架、設計系統上，「元件」存在各種不同的說法，比如「模組」、「物件」等等。雖然近來感覺比較常聽見「元件」，但本書是根據 BEM 講解內容，故也將使用者介面單元稱為「區塊」。

●

有關 BEM 的內容就講到這裡。
下一章將會討論 BEM 以外的 CSS 設計。

第8章

SMACSS：基礎規範

前面講解了 BEM 的內容。「好喔！將頁面劃分不同的區塊，似乎可寫出不錯的程式碼」……有些人可能會這麼認為。然而，光靠 BEM 就能順暢無阻地編寫 CSS，卻又不是這麼一回事，肯定會碰到各式各樣的問題。下面將會解說有幫助的四個議題：

- **基礎規範**
- **布局規範**
- **主題規範**
- **功能類別**

SMACSS

這四個議題中，前面三個是根據 **SMACSS** 的思維。SMACSS 唸成「smacks」，是 Scalable and Modular Architecture for CSS 的簡稱。SMACSS 的作者是 Jonathan Snook，這本書他根據自己在 Yahoo! 從事網頁設計開發的心得所寫的。

這本書籍出版於 2012 年，如今已成為經典著作，內容統整得簡單易懂，筆者認為即便是現在也有助於理解網頁設計。該書籍的頁數並不多，讀完本書後產生興趣的讀者，建議可翻閱原著看看。

SMACSS 的官網有公開完整內容，也可找到翻譯成日語的版本。

SMACSS
http://smacss.com

SMACSS: 日文版
http://smacss.com/ja

SMACSS 中的 CSS 規範集

CSS 會將選擇器和其套用樣式的宣告單元，如下稱為**「規範」（規範集）**。這個術語在前面也有使用到。

```
h1 {
  font-size: 3em;
  color: black;
}
```

這並非 SMACSS 的專用術語，CSS 的工作原理也統整稱為「規範」。
在 SMACSS 中，會將 CSS 規範分類成下述五項來討論：

- 基礎規範（Base Rule）
- 布局規範（Layout Rule）
- 模組規範（Module Rule）
- 狀態規範（State Rule）
- 主題規範（Theme Rule）

SMACSS 這本書分別解說了詳細內容。

其中，若具備 BEM 的知識，可跳過其中兩個規範。第一個是模組規範，這相當於 BEM 中的區塊思維，將頁面的構成要素視為模組單元。第二個是狀態規範，這相當於 BEM 中的修飾符思維，藉由追加模組變化的類別來表達。因此，掌握 BEM 幾乎等同於理解一半的 SMACSS。

然而，SMACSS 包含了 BEM 中沒有的元素，瞭解它們對學習 CSS 設計非常有幫助。不如說，雖然 BEM 非常詳盡地統整了區塊的內容，但對外層的要素並沒有特別著墨。元件的外層該怎麼設計，這部份需要由 SMACSS 獲得提示。

因此，下面分別解說 SMACSS 的三項規範：

- 基礎規範
- 布局規範
- 主題規範

編寫 HTML 和 CSS 要先做什麼是？

首先，先來講解基礎規範。

確實掌握 BEM 並將頁面的構成要素劃分為區塊，正準備動手編寫 HTML 和 CSS，卻發現無法立即寫出區塊的程式碼。

- **這相當於標題，故使用 h1。**
- **這相當於內文，故使用 p。**

這樣編寫 HTML 後，h1 的文字變成粗體，h1、p 之間會有巨大的留白。瀏覽器本身有其預設樣式，HTML 中大部分的元素直接套用瀏覽器的內建樣式……，這部分不必特別說明，大家都應該知道吧。

那麼，預設樣式能夠改成自己期望的形式嗎？能夠調整 h1 的 font-size 再更小一點、margin 再更窄一點嗎？ p 要素外圍的邊界能夠再寬廣一點嗎？

雖然有時會直接使用預設樣式，但並非總是如此。大部分的人起初就會調整樣式，或者削去後再另外編寫區塊。例如，這樣的程式碼：

```
html, body {
  margin: 0;
  padding: 0;
}
h1 {
  font-size: 2rem;
}
p {
  margin-bottom: 2rem;
}
```

如此編寫**當作網站基礎的 CSS 規範集**後，後續比較容易編寫程式碼。在 SMACSS 中，這類 CSS 規範集稱為**基礎規範**。

normalize.css

該怎麼決定當作基礎的 CSS 規範呢？當然，你自己的網站可自由決定。不過，這邊來介紹廣受使用的 **normalize.css**：

normalize.css 是 Nicolas Gallagher 製作的開源專案：

normalize.css
http://necolas.github.io/normalize.css/

這項專案採行 MIT 授權條款，基本上可免費自由使用。

除了遵循瀏覽器的預設樣式外，normalize.css 的內容存在細微的差異，需要填寫這部分的程式碼。

h1 的調整

```
/**
 * Correct the font size and margin on `h1` elements within `section` and
 * `article` contexts in Chrome, Firefox, and Safari.
 */

h1 {
  font-size: 2em;
  margin: 0.67em 0;
}
```

在 section 和 article，Chrome、Firefox、Safari 中 h1 的 font-size 和 margin 不一樣，需要進行調整。

fieldset的調整

```
/**
 * Correct the padding in Firefox.
 */

fieldset {
  padding: 0.35em 0.75em 0.625em;
}
```

在 Firefox 中，fieldset 的 padding 不一樣，需要進行調整。

文字格式的調整

```
/**
 * 1. Correct the line height in all browsers.
 * 2. Prevent adjustments of font size after orientation changes in iOS.
 */

html {
  line-height: 1.15; /* 1 */
  -webkit-text-size-adjust: 100%; /* 2 */
}
```

所有的瀏覽器都得修正 line-height，避免 iOS 等行動裝置轉換方向時自動調整文字大小。

normalize.css 的運用

前面舉了三處需要調整的地方，normalize.css 就是這樣的程式碼集合。若要用一句話形容 normalize.css，「**感覺是個面面俱到的 CSS 規範集**」。

「好喔！就活用瀏覽器的預設樣式來編寫 CSS 吧！」若這樣想的話，得瞭解各種瀏覽器的差異，才有辦法順利完成程式碼。然而，完全掌握所有差異，是件相當辛苦的事情。

在 section 內，h1 的 font-size 和 margin 因瀏覽器而異；在 Firefox 中，fieldset 的 padding 不一樣……難道這些都要當作知識記起來嗎？筆者不這麼認為，至少我自己沒有記住這類猶如 BUG 的細節。

如此麻煩的調整，全部交給 normalize.css 就行了。normalize.css 會自行妥善地填補樣式的差異。

如前所述，運用 normalize.css 可吸收瀏覽器預設樣式的差異。總而言之，normalize.css 非常方便，一開始加載後，就不必顧慮每種瀏覽器猶如 BUG 的差異。

Reset CSS

接著介紹 **Reset CSS**。

normalize.css 的作用是吸收瀏覽器之間的差異，而 Reset CSS 的工作原理是，**消除瀏覽器內建的預設樣式**。雖然同樣都是統整樣式，但 Reset CSS 採用的手段是歸零。

Reset CSS 之所以如此有名，大概是因為 Eric Meyer 在自己的部落格上介紹了這個方法。

下述網址發布了 Reset CSS 的內容：

meyerweb.com - CSS Tools: Reset CSS
https://meyerweb.com/eric/tools/css/reset/

Reset CSS 的原文內容是 2008 年的文章，已經是相當古老的文獻了。

想要整個重置

這個方法經由 Eric Meyer 介紹，後來以 Reset CSS 的名稱廣為人知，經歷相當長久的時間。

約在 2004 年左右，主流的瀏覽器為 Internet Explorer 6，才剛從表格布局轉為 CSS 布局……當時是使用下述程式碼整個重置。

```
* {
  margin: 0;
  padding: 0;
  border: 0;
}
```

編寫此規範會發生什麼事情呢？所有要素的 margin、padding、border 全部都消失。為何要這樣做呢？理由很單純，因為預設的樣式相當礙事，故選擇全數刪去。

若不作任何裝飾僅編寫 HTML，預設樣式是相當可貴的，不過去除預設樣式也有諸多好處。

一面實際觀看設計圖，一面將頁面的構成要素拆解成區塊，編寫 HTML 和 CSS 的時候，比如使用 p 要素插入內文，會發現該要素本身自帶 margin。

若設計上不想要留白，得如下編寫削去預設樣式的 margin：

```
.my-block__text {
  margin: 0
}
```

h1 ～ h6 的 font-size、font-weight、margin、th；td 的 text-align 等，不同的使用者介面有諸多想要調整預設樣式的地方。

就結果來說，欲逐一清除這類樣式，自己編寫的 CSS 中會出現好幾次刪除預設樣式的程式碼，極為缺乏效率。不過，只要使用 Reset CSS，這類樣式能夠瞬間重置歸零，不再需要顧慮預設樣式的問題。

Reset CSS 的內容

Eric Meyer 的 Reset CSS 內容並不多，這邊直接介紹其中的程式碼。

```
/* http://meyerweb.com/eric/tools/css/reset/
   v2.0 | 20110126
   License: none (public domain)
```

```
*/
html, body, div, span, applet, object, iframe,
h1, h2, h3, h4, h5, h6, p, blockquote, pre,
a, abbr, acronym, address, big, cite, code,
del, dfn, em, img, ins, kbd, q, s, samp,
small, strike, strong, sub, sup, tt, var,
b, u, i, center,
dl, dt, dd, ol, ul, li,
fieldset, form, label, legend,
table, caption, tbody, tfoot, thead, tr, th, td,
article, aside, canvas, details, embed,
figure, figcaption, footer, header, hgroup,
menu, nav, output, ruby, section, summary,
time, mark, audio, video {
	margin: 0;
	padding: 0;
	border: 0;
	font-size: 100%;
	font: inherit;
	vertical-align: baseline;
}

/* HTML5 display-role reset for older browsers */
article, aside, details, figcaption, figure,
footer, header, hgroup, menu, nav, section {
	display: block;
}
body {
	line-height: 1;
}
ol, ul {
	list-style: none;
}
blockquote, q {
	quotes: none;
}
blockquote:before, blockquote:after,
q:before, q:after {
	content: '';
	content: none;
}
table {
	border-collapse: collapse;
	border-spacing: 0;
}
```

跟前面的通用選擇器(universal selector)不同，需要選擇要素進行重置。

為何要像這樣選擇要素來重置呢？根據 Eric Meyer 的 Reset CSS 解說，`input`、`button`、`textarea` 等表單相關的元素，往往會沿用瀏覽器內建的樣式。

瀏覽器會事先準備這些元素的樣式，且每種瀏覽器有著細微的差異，任意擺弄反而會造成奇怪的外觀。

例如，形成完全沒有留白的按鈕、外圍沒有任何留白的文字輸入框。為了避免這樣的情況發生，Eric Meyer 的 Reset CSS 不更動欲沿用的元素，而僅重置必要的樣式。

如同程式碼中的註解，Reset CSS 發布於公眾領域（Public Domain），讀者可自由地使用。

設計基礎規範

選擇 normalize.css 和 Reset CSS 兩者之一製作基礎規範，後續的 CSS 設計會變得輕鬆。

不如說，實際編寫 HTML 和 CSS 的人員，肯定都會尋找這類規範集來完成 CSS 設計。基礎規範的推薦作法是，先加載當作一切基礎的 CSS 檔案，再添加幾項自己想要採用的 CSS 規範。

那麼，自己想要採用的 CSS 規範有什麼呢？比如，下述這個例子：

```
body {
  font-size: 1.3em;
  line-height: 1.6;
  font-family:
    "Hiragino Kaku Gothic ProN",
    "Hiragino Sans",
    Meiryo,
    sans-serif;
  background: #fff;
  color: #222;
}
em {
```

```
  font-style: normal;
  font-weight: bold;
}
strong {
  font-weight: bold;
  color: red;
}
```

程式碼對整個網站指定了基本的文字大小、行距、字體、文字顏色，em 採用非斜體的普通樣式；strong 採用紅色字體，當作錯誤等的強烈警告。

每次製作區塊都套用相同的文字樣式，既麻煩又浪費時間。再說，日本網站鮮少使用斜體，em 只會使用粗體格式；特別強調警告的 strong 使用紅色字體……

如前所述，事前某種程度決定元素層級欲套用的樣式，可像這樣製作套用樣式的基礎規範。

然後，統整當作網站準則的規範集，再儲存成 base.css 等檔案名稱，加載於 reset.css 或者 normalize.css 後面完成基礎規範，後續就可有效率地編寫區塊。

建立好整體的規範後，接著編寫區塊的程式碼。

normalize 或者 reset

前面介紹了有助於製作基礎規範的 normalize.css 和 Reset CSS，內心可能產生疑問：究竟要使用哪一個才好？

兩者沒有孰優孰劣之分，而是取決於 HTML 和 CSS 編寫人員的設計策略。基本上，欲沿用預設樣式時採用 normalize.css，否則選用 Reset CSS。

就筆者的個人經驗而言，從未碰過直接沿用預設樣式的實作。這可能是我大多負責以幾乎完成的設計圖為基礎，從頭編寫 HTML 和 CSS 的緣故。

在這種情況下，設計人員安排的留白，跟預設樣式中各要素所設定的 `margin` 往往不一致。至少，筆者沒有遇過有注意瀏覽器預設樣式的設計人員，他們可能也不認為需要在意。

如前所述，對筆者來說，事先預設 `margin`、`padding` 只會妨礙實作網頁，故總是選擇先做重置來消除預設樣式。

不過，這部分是個人喜好的問題，讀者可選擇自己容易操作的方法。如果是由團隊共同編輯 CSS 的話，最好能夠在一開始整合彼此的想法。

以 normalize 輕微重置

筆者屬於不需要預設樣式的流派，但不會直接使用 Reset CSS，建議在加載 normalize.css 的同時，輕微重置主要元素來當作基礎規範。

例如，像這樣的程式碼：

```
ul, ol, dd {
  margin: 0;
  padding: 0;
  list-style: none;
 }
h1, h2, h3, h4, h5, h6 {
  margin: 0;
  font-size: inherit;
  font-weight: inherit;
}
p{
  margin: 0;
}
```

簡單說就是變成如同 Reset CSS 的狀態，但重置的程度卻又沒有 Reset CSS 來得高。

「這樣何不一開始就使用 Reset CSS。」有些人可能反駁，但筆者之所以選擇 normalize.css，是因為它比較常有更新。

前面介紹的 Eric Meyer's Reset CSS，是在 2011 年撰述的內容，就現在來說非常古老。與此相對，normalize.css 最後是在 2018 年更新。截自撰寫本書的 2021 年，也已經是三年前的東西了，難以說是最新的內容，但裡頭包含了消除瀏覽器 BUG 的規範。

由於筆者不想要浪費時間瞭解瀏覽器間的樣式差異，選擇比較常有更新的 normalize.css 方法。因此，筆者建議的做法是，先加載 normalize.css，再做輕微的重置，同時設計基礎規範。

●

除了本書介紹的內容外，還有諸多的 CSS 方法論，網路上也有許多含有 CSS 的框架，如 Bootstrap、Bulma 等。即便如此，基礎規範等方法仍是經常使用的思維，知道後會對編寫 CSS 帶來幫助。

觀看基礎規範怎麼應用也相當有趣，感興趣的讀者不妨自行尋找範例。

Bootstrap
https://getbootstrap.com/

Bulma
https://bulma.io/

第9章

SMACSS：布局規範

原來如此，要先製作基礎規範嘛～。

嗯，OK ！完成基礎規範了！那就趕緊來寫區塊吧。

……在那之前，本章將會介紹 SMACSS 的「布局規範」。

編寫區塊前的準備

想要趕緊編寫區塊，不過該怎麼安排內容呢？例如，主要導覽列要放到畫面的右側還是左側？

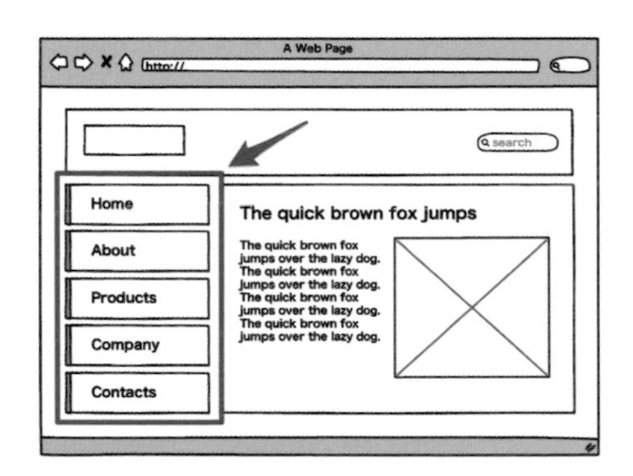

雖說要排列區塊，但也不是突然就擺在 <body></body> 的底下吧？主要區域需要固定寬度、左右兩邊需要留白吧？

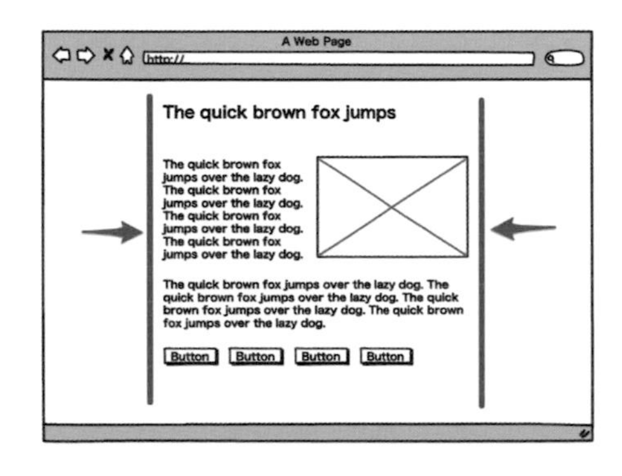

想要實現這些設計，需要在彈性盒子（flexbox）配置 div、main，指定 margin、padding 置中對齊。該怎麼思考這些部分呢？這好像不是區塊吧……？

這些有關布局的規範，SMACSS 歸類稱為「**布局規範**」。

布局規範的程式碼範例

布局規範一點都不困難。

如同前面的舉例，不過是將用於布局的規範稱為「布局規範」。換言之，當作「**塞進區塊的箱子**」的 CSS 就是布局規範。

趕緊來看程式碼範例，假設有這樣的布局。

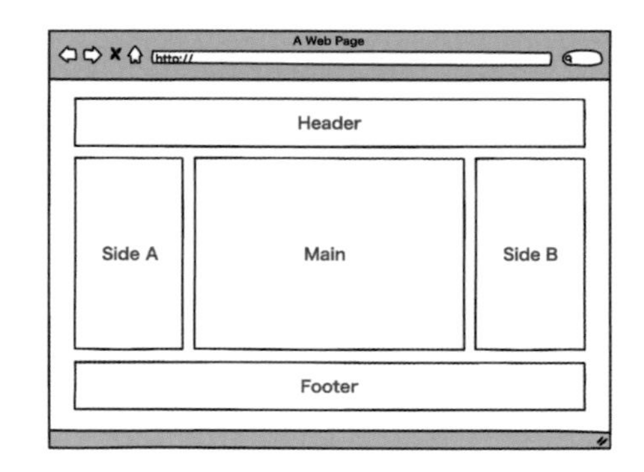

頂部為標題，中間左側為側邊區域 A、正中間為主要內容區域、中間右側為側邊區域 B，底部為頁腳。

「好喔！來編寫頁面的 HTML 和 CSS 吧！」在編寫區塊的程式碼之前，**先製作框架的部分，再將區塊塞進裡頭**，以此流程來思考比較容易。

框架部分的程式碼如下：

```
<header class="layout-header-area">
  Header
</header>
<div class="layout-body-area">
  <div class="layout-side-area-a">
    Side A
  </div>
  <main class="layout-main-area">
```

```
    Main
  </main>
  <div class="layout-side-area-b">
    Side B
  </div>
</div>
<footer class="layout-footer">
  Footer
</footer>
```

在彈性盒子、格線布局（grid layout），可自由地布局這些要素。

這邊沒有特別規定套用的樣式。筆者認為最簡單的做法是，總之先指派類別，再以類別選擇器來套用樣式。


```
.layout-header-area { ... }
.layout-body-area { ... }
.layout-side-area-a { ... }
.layout-main-area { ... }
.layout-side-area-b { ... }
.layout-footer-area { ... }
```

如上製作框架部分後，再編寫塞進裡頭的區塊，以此流程來編寫程式碼。這就是 SMACSS 歸類「布局規範」的 CSS 規範。

布局規範基本上僅只如此而已。
「我也是這樣編寫的。」許多人可感同身受吧。
接著補充一些內容。

應該使用 id 選擇器嗎？

用於布局的要素集過去往往會附加 id 屬性，再使用 id 選擇器套用樣式。在 SMACSS 的內容中，也有提到「過去的布局要素會使用 id 屬性。」SMACSS 收錄的簡易程式碼，也是使用 id 選擇器完成布局。

筆者以前也有從事 HTML 和 CSS 的編寫，猶記 2010 年左右大家都使用 id 選擇器來編寫布局。若是剛才的例子，則程式碼如下：

```
<header id="header-area">
  Header
</header>
<div id="body">
  <div id="side-area-a">
    Side A
  </div>
  <main id="main-area">
    Main
  </main>
  <div id="side-area-b">
    Side B
  </div>
</div>
<footer id="footer-area">
  Footer
</footer>
```

```
#header-area { ... }
#body-area { ... }
#side-area-a { ... }
#main-area { ... }
#side-area-b { ... }
#footer-area { ... }
```

在如上定義整個布局的時候，之所以使用 id 有下述幾個理由：

- 各個區域幾乎不會出現兩次以上
- 使用 id 定義整個布局，與其他 CSS 規範區別
- 大框架區域往往會當作頁面內的錨點連結目的地
- 有的時候也會當作 JavaScript 的 Hook 來使用

雖然聽看來貌似是這麼一回事，但一一仔細探究，會發現它們皆無法充分解釋布局時應該使用 id 選擇器。

就筆者而言，由於使用 id 選擇器會產生缺點，故偏好單純使用類別選擇器套用樣式。其理由列舉如下：

- 想要將 id 留到 JavaScript 時使用（id 屬性有助於識別特定的元素）。
- 選擇器的權重變大（id 選擇器的權重大於類別選擇器）。
- 即便是整體的布局框架等要素，時序上也有可能出現兩次以上。

主要區域等框架要素會出現兩次嗎？內心認為不可能發生吧。然而，比如實作淡出整個畫面、再淡入下個畫面的動態效果時，儘管只是些微的時間，相同的 id 要素有可能出現在兩個畫面。雖然這種情況鮮少發生，但造成 JavaScript 無法運作的可能性並非為零，此時也難以找出故障的原因，遇到這種情況相當痛苦。讀到這邊的讀者應該能夠體會，權重不同所造成的麻煩。

就筆者的意見來說，若使用類別選擇器安排布局，沒有什麼明顯的缺點的話，又何必刻意使用可能產生問題的 id 呢？

第9章

定義類似 BEM 形式的布局

若不使用 id 選擇器的話，那要怎麼編寫程式碼呢？

筆者建議採用 BEM 形式的思維，將整個布局當作一個區塊。以前面的例子來說，程式碼如下：

```
<header class="global-layout__header-area">
  ...
</header>
<div class="global-layout__body-area">
  <div class="global-layout__side-area-a">
    ...
  </div>
  <main class="global-layout__main-area">
    ...
  </main>
  <div class="global-layout__side-area-b">
    ...
  </div>
</div>
<footer class="global-layout__footer">
  ...
</footer>
```

使用 `global-layout` 的區塊描述整個畫面，再將各個區域當作元素來處理。

這樣一來，比如看到主要區域底下的 div，馬上就知道這是整個布局的一部分。

```
<main class="global-layout__main-area">
  ...
</main>
```

SMACSS 並沒有特別規定怎麼使用布局的選擇器，僅只介紹了設計時的思維，這部分可依照自身喜好操作，但像這樣採用 BEM 編寫程式碼，或許可提高與其他程式碼的親和性。

有關小粒度布局的規範

前面所說的「布局」，是指標頭、側邊欄、頁腳等跟整體有關的要素，不過在 SMACSS 中，用於更小粒度使用者介面的布局要素，也稱為「布局規範」。接著就來講解這個部分。

排列商品圖片的使用者介面

如下，討論排列商品圖片和文字說明的例子。

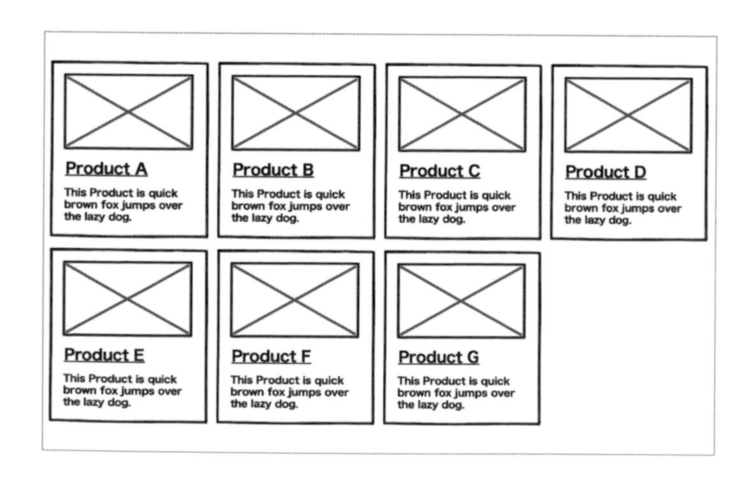

若直觀採用 BEM 編寫，則程式碼如下：

```
<ul class="product-list">
  <li class="product-list__item">
    <img class="product-list__img" />
    <a class="product-list__title" href="/path/to/item">Product A</a>
    <span class="product-list__note">This product is...</span>
  </li>
  <li class="product-list__item">
    <img class="product-list__img" />
    <a class="product-list__title" href="/path/to/item">Product B</a>
    <span class="product-list__note">This product is...</span>
  </li>
  ...
</ul>
```


整個是一個區塊，裡頭全都是元素。這沒有什麼大問題，但還有另外一種思維：僅切割出布局部分。

切割出布局的範例

除了排列商品的圖片外，也常在其他地方看到網格狀的配置類型吧？這樣的話，何不如下將區塊拆解成兩個部分：

- 布局的框架
- 裡頭裝進商品的獨立區塊

遵從這樣的思維，程式碼如下僅描述使用者介面的框架部分：

```
<ul class="layout-grid">
  <li class="layout-grid__item">
    這裡裝進其他要素
  </li>
  <li class="layout-grid__item">
    這裡裝進其他要素
  </li>
  ...
</ul>
```

`layout-grid` 區塊採用彈性盒子布局（flexbox）或者浮動布局（float），僅製作框架的程式碼。配置完成後，頁面不會顯示任何內容。裡頭可放進任何喜歡的東西，完全不受該區塊的影響。

像這樣更小粒度的框架，在 SMACSS 也歸類為「布局規範」。

那麼，裡頭的東西怎麼辦？以 BEM 的角度來說，會考慮加入其他的區塊，如右單一圖片搭配文字說明的獨立區塊。

區塊的名稱可取為 `product-nav-set`。

```
<div class="product-nav-set">
  <img class="product-nav-set__img" />
  <a class="product-nav-set__title" href="/path/to/item">Product A</a>
  <span class="product-nav-set__note">This product is...</span>
</div>
```

然後，在 `layout-grid__item` 中，如下插入該區塊的程式碼：

```
<ul class="layout-grid">
  <li class="layout-grid__item">
    <div class="product-nav-set">
      <img class="product-nav-set__img" />
      <a class="product-nav-set__title" href="/path/to/item">Product A</a>
      <span class="product-nav-set__note">This product is...</span>
    </div>
  </li>
```

```
  <li class="layout-grid__item">
    <div class="product-nav-set">
      <img class="product-nav-set__img" />
      <a class="product-nav-set__title" href="/path/to/item">Product A</a>
      <span class="product-nav-set__note">This product is...</span>
    </div>
  </li>
  ...
</ul>
```

這麼一來，就不需要多次編寫網格狀布局的 CSS，好像變得比較有效率。

哪種方法比較好？

那麼，這兩種寫法哪個比較好呢？該全部統整成一個區塊，還是僅布局的部分另外作成區塊？

按照前面的思維編寫，如後者分成兩個區塊似乎比較有效率。然而，需要注意的是，後者的程式碼比前者來得複雜。

若相似的網格布局經常出現，像這樣切出網格部分作成獨立區塊，的確不用重複編寫類似的 CSS。相對地，描述使用者介面的時候，需要準備兩個區塊，並將區塊作成嵌套，處理起來相當複雜。在編寫時還沒問題，但日後想要變更使用者介面時，就得費力理解架構。

例如，想要調整網格間的留白時，會影響到該使用者介面以外的部分。該認為「一口氣修改完成，真有效率！」還是認為「不曉得影像範圍……」，取決於設計規劃的策略。這個問題會在第 23 章「進階元件：區塊的嵌套」深入解說，這邊只要曉得有這麼一回事即可。

期望讀者在這裡先瞭解，除了整個布局的大區塊外，主要區域內部的布局控制也歸類為布局規範。

這次講解了布局規範的內容。
下一章將會討論 SMACSS 的「主題規範」。

第10章

SMACSS：主題規範

本章將會講解「主題規範」的內容。SMACSS 的相關內容就講解到這邊。

雖然主題規範不是常態使用，但大部分的情況都需要知道此思維。請讀者抱著「欲根據某些條件更改樣式時該怎麼做？」的視點，閱讀下面的內容。

基本上會先介紹具有主題功能的網站，接著講解其中的應用例子。

具有主題功能的網站

Gmail 等由瀏覽器使用的郵件服務，通常可選擇不同的主題風格。從設定切換主題後，背景顏色、文字顏色會如下跟著改變：

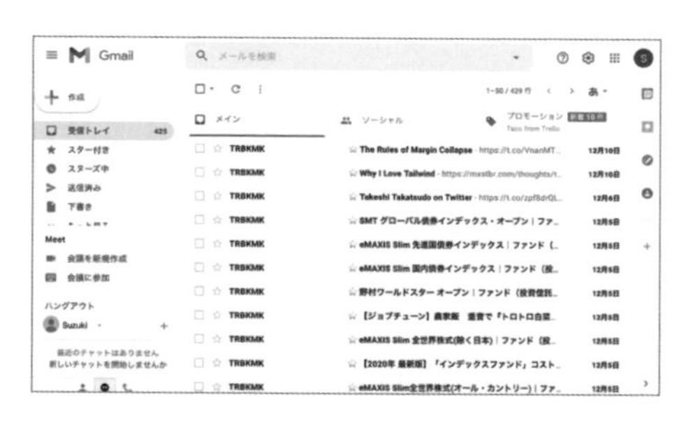

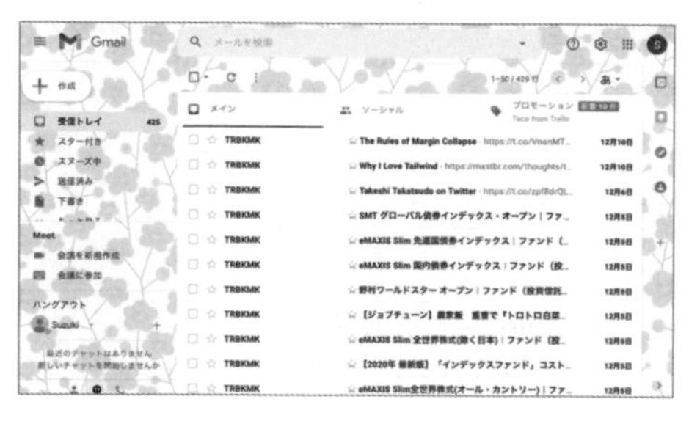

「主題規範」的「主題」通常是指，如上瞬間切換布局、外觀的機制。

「一口氣改變布局感覺很麻煩！」內心或許會這樣想，但利用 CSS 就可相對簡單地實現。

預設的主題

以 Gmail 為例，簡單介紹其中的工作原理。程式碼並非 Gmail 正式的實作內容，不過操作方式應該雷同。

首先是選擇預設主題的情況：

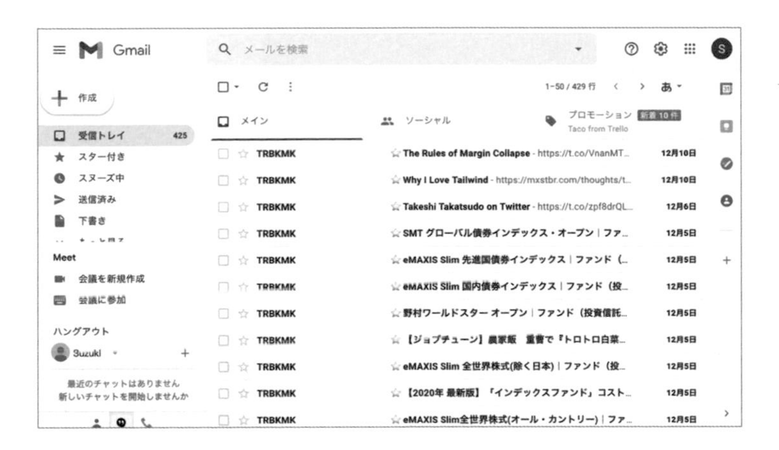

此時，HTML 的程式碼如下：

```
<html class="theme-default">
<head>...</head>
<body>...</body>
</html>
```

對 `html` 要素指派 `theme-default` 等類別，套用下述樣式：

```
.theme-default body {
  color: black; /* 所有文字為黑色 */
  background: white; /* 所有背景為白色 */
}
.theme-default .main-column {
  background: white; /* 主要欄位的背景為白色 */
}
```

樣式相當普通，文字顏色為黑色、背景顏色為白色。上頁截圖的畫面結果，可想成用這個 CSS 來實現。

選擇其他主題的情況

接著是選擇暗色主題的情況。

此時，`html` 要素的類別名稱換成 `theme-dark`。

```
<html class="theme-dark">
<head>...</head>
<body>...</body>
</html>
```

然後，以 theme-dark 類別為起點，使用子代選擇器等編寫對應該主題的變化樣式。

```
.theme-dark body {
  color: white; /* 所有文字為白色 */
  background: black; /* 所有背景為黑色 */
}
.theme-dark .main-column {
  background: gray; /* 主要欄位的背景為灰色 */
}
```

這樣會如何呢？僅只改變 `html` 的類別名稱，就瞬間切換畫面樣式，文字顏色從黑色轉為白色、背景顏色從白色轉為黑色。

其他的主題依樣畫葫蘆，以 `html` 要素的類別名稱為起點，編寫選擇該主題時欲套用的 CSS 規範。

```
.theme-dark body { ... }
.theme-blue body { ... }
.theme-flower body { ... }
```

指派 `background-image` 能夠將圖片當作背景，也可細微地指定各個使用者介面的顏色。

將各種主題的類別指派給 html 等接近根項目的要素，再以該類別為起點替換樣式，這樣的 CSS 規範在 SMACSS 歸類為「主題規範」。

至於該如何切換 `html` 要素的類別，可由 PHP 等伺服器端的程式來變更，也可使用 JavaScript 來替換。這個部分超出 CSS 設計的範圍，故不加贅述。

如前所述，CSS 可輕易讓網站帶有主題功能，只要以 `html` 要素的類別為起點，再使用子代選擇器編寫程式碼即可。

主題功能的應用

CSS 僅需要改變一個類別，就可像這樣輕易快速地切換外觀。「CSS 真厲害！」有些人或許會這麼認為，但請冷靜下來想想，自己有如此頻繁地實作主題功能嗎？

在介紹 CSS 的便利性時，這會是不錯的簡報內容，但實務上並不常遇到。至少，筆者在網路業界打滾了 10 年以上，也僅只遇過一、兩次而已……頻率非常得低。

然而，若關注的視點不是主題功能，而是對 `html` 等根元素**準備整個替換的關鍵要素來產生不同樣式**的話，「主題規範」可實現多種多樣的應用。

多國語言的網站就是不錯的例子，下面來介紹怎麼調整樣式。

不同語言的樣式調整

例如，以一個 HTML 模板描述英日雙語網站，沒有任何調整可能無法整齊呈現兩種語言。這個問題可導入主題規範的思維來解決，下面來看是怎麼一回事。

想要依照語言調整樣式的情況

為何想要依照語言調整樣式呢？請先看下述執行結果：

```
<p>The quick brown fox jumps over……</p>
<p>彼は背後にひそかな足音を聞いた。それは……</p>
```

```
body {
  font-size: 16px;
  line-height: 1.6;
}
```

The quick brown fox jumps over the lazy dog. The quick brown fox jumps over the lazy dog. The quick brown fox jumps over the lazy dog. The quick brown fox jumps over the lazy dog. The quick brown fox jumps over the lazy dog. The quick brown fox jumps over the lazy dog. The quick brown fox jumps over the lazy dog. The quick brown fox jumps over the lazy dog. The quick brown fox jumps over the lazy dog. The quick brown fox jumps over the lazy dog. The quick brown fox jumps over the lazy dog.

彼は背後にひそかな足音を聞いた。それはあまり良い意味を示すものではない。誰がこんな夜更けに、しかもこんな街灯のお粗末な港街の狭い小道で彼をつけて来るというのだ。人生の航路を捻じ曲げ、その獲物と共に立ち去ろうとしている、その丁度今。彼のこの仕事への恐れを和らげるために、数多い仲間の中に同じ考えを抱き、彼を見守り、待っている者がいるというのか。それとも背後の足音の主は、この街に無数にいる法監視役で、強靭な罰をすぐにも彼の手首にガシャンと下すというのか。彼は足音が止まったことに気が着いた。あわてて辺りを見回す。ふと狭い抜け道に目が止まる。

這是指定相同 `font-size` 和 `line-height`，單純排列英日語文章的情況，不覺得英文看起來比較小嗎？

反白放大第一行的文字，可能比較容易看出來吧。

The quick brown

彼は背後にひそか

英文字列底部的文字密度高，但頂端的密度低。與此相對，日文字列的上下端皆擠滿文字，不像英文字有明顯的密度差異。

即便像這樣指定相同的 `font-size`，頁面上的英文、日文、漢字、韓文，文字大小還是有所差別。這是各種文字的特色，無法避免。

為了調整不同文字的差異，會想要依照語言修改 `fonr-size`、`line-height`，如日語調整較寬的 line-height、英語調整較大的 `font-size`。

除此之外，縱使是相同意思的字詞，英日文的文字長度也不一樣。

例如，「商品名稱」的英文是「Product Name」;「姓」的英文是「Family Name」。順便一提，英文單字基本上不會中途換行，在橫寬固定的 div 中塞進長字，單字會直接超出顯示範圍。

如前所述，當文字量、換行規範有所不同，可能發生表格出乎預料的大；寬度固定的區域無法容納內文。此時，就會想要調整要素的寬度、邊界留白。在處理這類情況的時候，有效率的做法是應用前面的主題功能實作。

利用 `:lang` 虛擬類別處理分歧

模仿前面的 Gmail 範例，對 `html` 要素指派 `theme-japanese`、`theme-english` 等類別嗎？這麼處理也可以，不過對 `html` 要素指派描述語言的 `lang` 屬性，以此為關鍵要素來轉換樣式，會是比較聰明的做法。

請看示範的程式碼，下面是依照語言調整單元格寬度的例子。

日文的第一列和第二列想要相同的寬度。

商品名	価格
ABC435	¥1,000

英文的第一欄想要更寬的格子。

Product Name	Price
ABC435	¥1,000

此時，依照語言如下替換 `html` 要素的 `lang` 屬性。

日文的程式碼：

```
<html lang="ja">
<head>...</head>
<body>...</body>
</html>
```

英文的程式碼：

```
<html lang="en">
<head>...</head>
<body>...</body>
</html>
```

然後，表格結構的 HTML 如下。首先，日文的程式碼：

```
<table>
  <tr>
    <th class="product-name">商品名</th>
    <th class="price">価格</th>
  </tr>
  <tr>
    <td>ABC435</td>
    <td>¥1,000</td>
  </tr>
</table>
```

英語的程式碼需要將「商品名」、「価格」換成「Product Name」、「Price」，其餘部分不做任何更動。

```
<table>
  <tr>
    <th class="product-name">Product Name</th>
    <th class="price">Price</th>
  </tr>
  <tr>
    <td>ABC435</td>
    <td>¥1,000</td>
  </tr>
</table>
```

然後，加載如下的 CSS：

```
/* 日文的情況 */
html:lang(ja) th.product-name { width: 100px; }
html:lang(ja) th.price { width: 100px; }

/* 英文的情況 */
html:lang(en) th.product-name { width: 140px; }
html:lang(en) th.price { width: 60px; }
```

這裡使用 **:lang** 虛擬類別（pseudo-class），編寫依照 **html** 要素所指定的 **lang** 改變 **width** 的規範。如此一來，僅需要更改 **html** 要素的 **lang** 屬性，就能夠順利調整樣式。

妥當的 HTML 實作是，事先讓 **html** 要素的 **lang** 屬性對應不同的語言，以因應顧客提供不同語言的資訊。這種設計不需刻意對 **html** 要素指派類別，跟 CSS 設計非常相合。

比起前面 Gmail 等的主題功能，大部分是像這樣實作多種語言的網站。此時，若具備主題規範的思維，在面對如何處理語言差異的問題時，肯定會浮現清楚的解決辦法。

另外，若自身沒有過這樣實作的經驗，筆者認為可記起來當作額外的知識，以備不時之需。

依照頁面種類調整

除此之外，主題規範也可應用於依照頁面種類的調整。
例如，假設有這樣的導覽列標頭：

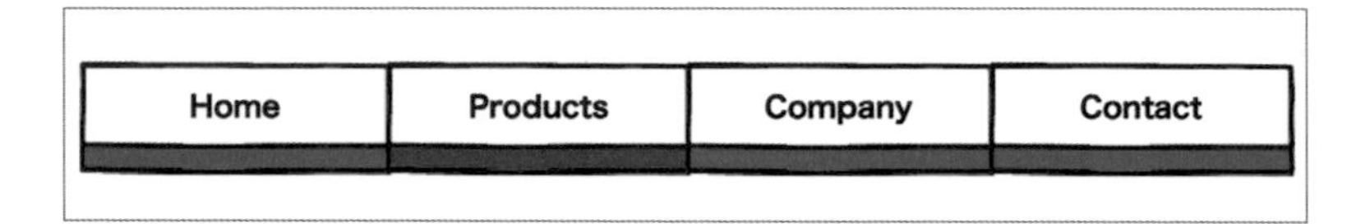

這是解說 BEM 時的範例，由導覽列可知該網站包含下述分頁：

- Home
- Products
- Company
- Contact

若想在導覽列如同 Products 顯示當前位置，該怎麼做才好呢？目前顯示 Products 的頁面，想要讓 Products 的底部呈現紅色。

BEM 的做法是使用修飾符，程式碼如下：

```
<ul class="header-nav">
  <li class="header-nav__item"><a>Home</a></li>
  <li class="header-nav__item header-nav__item--active"><a>Products</a></li>
  <li class="header-nav__item"><a>Company</a></li>
  <li class="header-nav__item"><a>Contact</a></li>
</ul>
```

```
.header-nav__item {
  border-bottom: 10px solid gray;
}
.header-nav__item--active {
  border-bottom-color: red;
}
```

藉由修飾符 `header-nav__item--active`，讓導覽列顯示當前位置。雖然似乎沒有什麼問題，但開發前線可能無法如此實作。為什麼呢？

無法直接使用修飾符的案例

例如，假設網站嵌入某種 CMS。在該 CMS 的環境下，所有頁面的標頭必須一致。不，正確來說，即便所有頁面不一致也能夠實作，但分頁必須編寫不同的標頭程式碼，這會增加伺服器端的負擔。

換言之，以 `header-nav__item--active` 修飾符顯示當前位置，需要根據分頁數量，編寫對應該數量的標頭程式碼。

Home 的標頭程式碼：

```
<ul class="header-nav">
  <li class="header-nav__item header-nav__item--active"><a>Home</a></li>
  <li class="header-nav__item"><a>Products</a></li>
  <li class="header-nav__item"><a>Company</a></li>
  <li class="header-nav__item"><a>Contact</a></li>
</ul>
```

Products 的標頭程式碼：

```
<ul class="header-nav">
  <li class="header-nav__item"><a>Home</a></li>
  <li class="header-nav__item header-nav__item--active"><a>Products</a></li>
  <li class="header-nav__item"><a>Company</a></li>
  <li class="header-nav__item"><a>Contact</a></li>
</ul>
```

……等等。

然後，若頁腳、側邊欄也有相似的選單，且也想要顯示當前位置的話，情況會如何呢？這樣的話，頁腳、側邊欄也得做相同的處理才行。

程式碼編寫起來相當辛苦，考量到實作的成本問題，只好放棄導覽列顯示當前位置……可能會遇到這樣的窘境。

「這種情況就要用 BEM 規範！」像這樣強硬使用 HTML 和 CSS 不是明智之舉。此時，就輪到主題規範出場了。

以html要素的類別為起點編寫樣式

例如，在 html 要素後面先加上類別，緊接著描述分頁的標記。

```
<html class="category-home">
...
</html>
```

然後，這個 category-home 的部分，在伺服器端會按照畫面分頁切換為 category-products、category-company、category-contact。

關鍵的標頭部分，其程式碼如下：

```
<ul class="header-nav">
  <li class="header-nav__item header-nav__item--home"><a>Home</a></li>
  <li class="header-nav__item header-nav__item--products"><a>Products</a></li>
  <li class="header-nav__item header-nav__item--company"><a>Company</a></li>
  <li class="header-nav__item header-nav__item--contact"><a>Contact</a></li>
</ul>
```

對於各個 header-nav__item，加上描述分頁的修飾符。

然後，HTML 沒有區別分頁，全部輸出通用的畫面，不需要像剛才依照分頁來調整。

接著，編寫如下的 CSS 規範：

```
.category-home .header-nav__item--home,
.category-products .header-nav__item--products,
.category-company .header-nav__item--company,
.category-contact .header-nav__item--contact {
  border-color: red;
}
```

規範有些冗長複雜，home 分頁時第一個、products 分頁時第二個、company 分頁時第三個、contact 分頁時第四個導覽的邊界顏色轉為紅色。

根據這個規範，同一個 HTML 能夠按不同分頁適當顯示當前位置。雖然不用切換標頭部分的 HTML，但必須替換 html 要素的類別名稱，如果側邊欄、頁腳同樣也想要顯示當前位置，比起切換各處的 HTML，替換 `html` 要素的類別來輸出，可大幅減輕伺服器端的負擔。

藉由像這樣對 `html` 要素指派描述頁面類型的類別名稱，再根據標記來轉換樣式，即便是同一個區塊程式碼，也能夠轉變樣式。

主題規範與修飾符

如前所述，以 BEM 實現主題規範時會加上修飾符，採用在區塊內部完成處理的思維。就這個視點而言，主題規範的思維偏離了 BEM 規範，是在某處依照區塊外部的類別改變區塊內容。

為了慎重起見，必須注意主題規範是否讓程式碼變得過於複雜。實際上，最後所舉的當前位置例子，在某種程度上相當複雜。筆者在撰述時也覺得，順著文章閱讀下來感覺似乎有看沒有懂。僅有四個分頁顯示當前位置還好，若 `html` 要素需替換超過十個類別，且還得細微調整樣式的話，使用修飾符不會比較好嗎？內心可能產生這樣的想法。

然而，就前面舉例的 Gmail 主題功能、多種語言對應而言，採用主題規範實現想要做的事情，明顯是最棒的方法。設計時需要考量顧客需求，再從工具箱選取適當的實作手法。

●

這次講解了主題規範的內容。

如開頭所述，以「欲根據某些條件更改樣式時該怎麼做？」的視點來看主題規範，可增進 CSS 設計的操作範疇。

若可有效活用這個部分，能夠讓人感到「CSS 交給他處理會變得很厲害！」

SMACSS 的內容就講到這裡，想要更深入瞭解的讀者，建議自行瀏覽 SMACSS 的網站。

第11章

功能類別

本章將會討論功能類別。

在 BEM 的思維中，功能類別可想作是「任何地方都可使用的萬能修飾符」。「功能類別」不是針對特定區塊、元素刻意規劃，而是可用於任意要素來改變其樣式的類別。

比喻成萬能修飾符，內心可能疑惑：「這是 BEM 思維的一種？」答案是否定的。從瀏覽器開始支援 CSS，不用 table 元素也可排版布局的時候，功能類別的思考方式就已經存在。

使不使用功能類別是個人的自由，但就筆者而言，這是 CSS 設計時一定要考慮的觀點。

何謂功能類別

雖然開頭解釋得一長串，但直接觀看程式碼比較容易理解，下面就先舉個例子吧。功能類別的程式碼如下：

```
.align-left { text-align: left; }
.align-center { text-align: center; }
.align-right { text-align: right; }
.align-top { vertical-align: top; }
.align-middle { vertical-align: middle; }
.align-bottom { vertical-align: bottom; }
.mb-1 { margin-bottom: 0.75rem; }
.mb-2 { margin-bottom: 1.5rem; }
.mb-3 { margin-bottom: 2.25rem; }
```

對於各式各樣的類別，多數情況僅指派單一樣式。

這裡並未限定樣式的內容，端看自己想要準備多少種類。在想要套用樣式的地方，指定該要素的類別。若該處已經指定其他類別，則指派成追加的類別。這就是功能類別與其使用方式。

功能類別的使用範例

介紹幾個功能類別的使用範例。

調整內文的對齊位置

例如，如下使用功能類別：

今天開會前，請先去倉庫
取出投影機。

課長田中太郎

```
<p>今天開會前，請先去倉庫取出投影機。</p>
<p class="align-right">課長田中太郎</p>
```

局部的內文需要靠右對齊，故使用靠右對齊的功能類別。

設定邊界留白

標題

他聽見背後輕微的腳步聲，內心感到忐忑不安。
哪有人會在夜深人靜裡，而且還是路燈簡陋的港
口巷弄跟蹤他。

他聽見背後輕微的腳步聲，內心感到忐忑不安。
哪有人會在夜深人靜裡，而且還是路燈簡陋的港
口巷弄跟蹤他。

```
<h2 class="section-heading mb-1">標題</h2>
<p class="common-paragraph mb-2">他聽見背後輕微的腳步聲……</p>

<p class="common-paragraph mb-2">他聽見背後輕微的腳步聲……</p>
```

這個例子當中，各個要素是單獨的區塊，區塊內的上下端沒有留白，但區塊之間有設定留白，故將功能類別指定成第二個類別。

單元格的對齊位置

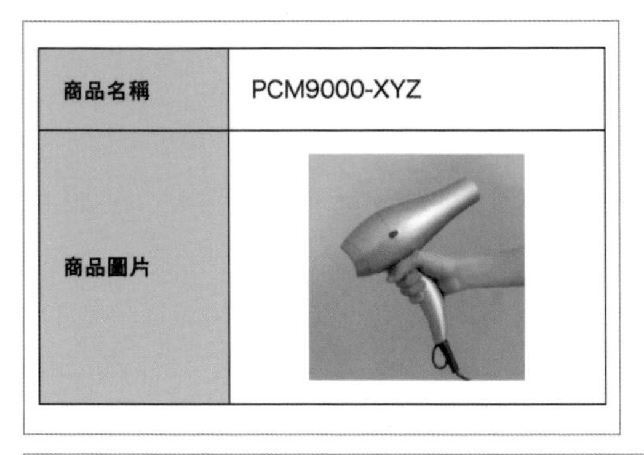


```
<table>
  <tr>
    <th>商品名稱</th>
    <td>PCM9000-XYZ</td>
  </tr>
  <tr>
    <th>商品圖片</th>
    <td class="align-center"><img src="..." alt="..." /></td>
  </tr>
</table>
```

這個例子當中，使用功能類別控制表格內單元格的對齊位置。基本上，單元格內的內容是靠左對齊，對部分想要置中對齊的單元格，指派置中對齊的 `align-center` 類別。

像這樣欲變更一部份樣式時，就會使用功能類別。用法非常單純，只需對想要套用該樣式的要素指派類別。

!important

相同權重的規範會呈現最後加載的內容，故功能類別會寫於 CSS 程式碼的最後面。

若完全採用 BEM 編寫的話，CSS 規範基本上都是單獨的類別選擇器，呈現最後編寫的選擇器。當功能類別的樣式因權重無效時，可如下附加 `!important` 來宣告樣式。

```
.align-left { text-align: left !important; }
.align-center { text-align: center !important; }
.align-right { text-align: right !important; }
```

功能類別是用來改變一部分的樣式，通常不會設想覆蓋其所指定的樣式。因此，使用 `!important` 發生問題的可能性並不高。

第11章

功能類別的好處

功能類別有什麼好處呢？功能類別便利的地方在於，**能夠簡單地稍微改變樣式**。

如同前面的舉例，只有這邊想要稍微靠右對齊、想要添增留白的時候，不必顧慮區塊、元素，僅需要指派類別就可完成調整。

若採用 BEM 的思維，則需要對區塊、元素直接套用樣式，或者定義為修飾符。然而，區塊不時會遇到有些文字靠右對齊、有些文字置中對齊的情況吧。

例如，含有表格結構的區塊，就會有各種對齊方式。此時，雖然可針對每個區塊，定義調整單元格元素對齊位置的修飾符，但必須不斷編寫同樣的修飾符吧。遇到這種情況，製作調整對齊位置的功能類別是不錯的做法，將區塊間相同的修飾符，提出至名為功能類別的全體通用區域。

像這樣在哪都可簡單使用，可說是功能類別的優點。

功能類別的缺點

這樣介紹後，「功能類別真便利！盡量使用吧！」雖然這樣想，但我們也要注意其缺點。使用功能類別的缺點，可舉**破壞了 BEM 元件導向的設計**。

請先回想為何採用 BEM 形式的設計？因為大家在沒有規範下編寫 CSS，日後維護會變得相當麻煩，不曉得 CSS 是定義哪個畫面哪個部分的外觀，自己編寫的 `background: red` 規範也可能對其他頁面造成影響。因此，我們才將程式碼關進區塊當中，避免干涉到其他地方。

這邊請先記住，對 BEM 來說，功能類別是打破元件化規範的存在。當採用 BEM 為設計基礎時，功能類別到底僅是例外的處理，若什麼都交由功能類別來處理，會逐漸失去以 BEM 設計的意義。

留白、顏色、對齊位置、文字大小等，全部都可準備成功能類別，並且組合完成頁面的製作。然而，這樣製作畫面，就失去在元件內完成的 BEM 優勢了。

應該使用功能類別嗎？

是否應該使用功能類別？這個問題難以一概而論。

就筆者而言，若以 BEM 為設計基礎的話，就不建議準備太多的功能類別。舉例來說，雖然常會準備調整 `text-align`、`vertical-align` 的功能類別，但是否讓功能類別有更進一步的功用，需要慎重檢討。

前面的舉例是以功能類別設定區塊的 `margin-bottom`。如何將留白套用到區塊之間，這類有關留白的設計會在第 13 ～ 15 章說明。

除了 BEM 形式的 CSS 設計外，實作還有以功能類別為中心的功能優先思維。

關於這個部分，留到第 24 章進行說明。

建議讀者可讀完這部分的內容後，再思索應該導入多少程度的功能類別。

●

期望各位在本章有瞭解功能類別的思維、用法與注意事項。

第12章

命名空間式前綴詞

本章將會講解「命名空間式前綴詞」。

在編寫 CSS 的時候，肯定會發生得與其他人編寫的 CSS 混合。對於已經完成的網站，其他開發人員可能追加某些 CSS。或者，在實作時嵌入某些函式庫、使用者介面框架。對頁面實作某些變更的時候，基本上肯定都會附加 CSS。

追加完全不懂內容的 CSS 會如何呢？自己已經完成的 HTML，可能套用預期外的樣式；相反地，自己編寫的 CSS 規範，也可能反映到預期外的地方。這跟本書前面第 2 章「缺少 CSS 設計會遇到的困擾」是完全一樣的問題。

規範發生衝突

「該怎麼辦才好呢？不如就採用 BEM 吧！」於是，前面講解了 BEM 的內容。然而，採用 BEM 無法完全解決問題。例如，假設自己編寫的程式碼中，有顯示錯誤訊息的 `alert` 區塊。

```
<section class="alert">
  <h2 class="alert__title">錯誤發生</h2>
  <p class="alert__text">請稍後再嘗試</p>
</section>
```

```
.alert {
  padding: 1em 1.4em;
  border-radius : 10px;
  border: 1px solid red;
  background: #ffaaaa;
}
```

然後，混合其他的 CSS，並且編寫如下的規範，情況會如何呢？

```
.alert {
  background: orange !important;
}
```

理所當然，自己編寫的 `alter` 區塊的背景顏色變成橘色。

「這種事哪會發生？」內心或許這麼想，但這卻是十分有可能遇到的情況。例如，在著名的 Bootstrap 框架中，就有準備名為 `alter` 的元件，使用 `alter` 類別名稱來實現使用者介面。

Bootstrap
https://getbootstrap.com/

Bootstrap 中的元件：

A simple primary alert—check it out!

A simple secondary alert—check it out!

A simple success alert—check it out!

想要得到這樣的畫面結果，可如下編寫 HTML：

```
<div class="alert alert-primary" role="alert">
  A simple primary alert—check it out!
</div>
<div class="alert alert-secondary" role="alert">
  A simple secondary alert—check it out!
</div>
<div class="alert alert-success" role="alert">
  A simple success alert—check it out!
</div>
```

理所當然，Bootstrap 會對 `alter` 類別套用樣式。原來如此，若自己也使用 `alter` 的類別名稱，加載 Bootstrap 時就會發生衝突。

這個問題該怎麼解決呢？

迴避規範衝突

令人遺憾的是，這個問題沒有完美的解決方法。

不過，有辦法相對簡單地避免發生問題。

辦法就是，在自己定義的類別名稱前面，加上某些固定形式的文字列。

例如，若 HTML 和 CSS 是用來架構名為 cssmania 的網站，則可如下取類別名稱：

```
<div class="cssmania-alert">
  <h2 class="cssmania-alert__title">發生錯誤</h2>
  <p class="cssmania-alert__text">請稍後再嘗試</p>
</div>
```

所有類別名稱的前面都加上 `cssmania-`。這樣一來，即便對 `alter` 類別套用樣式，也不會發生衝突。一般來說，大多數人都不會在類別名稱的前面加上 `cssmania-`。

類別名稱前面附加的文字列 `cssmania-`，本書將之稱為「命名空間式前綴詞」。「命名空間式前綴詞」並非常用的正式說法，僅是筆者撰稿時想到的字詞。

何謂命名空間式：JavaScript 的情況

「前綴詞」是指加在單字前面的詞素，但「命名空間式」是什麼東西呢？下面就來稍微講解。

先來看 JavaScript 中相似的例子。雖然有些讀者可能不太熟悉，但例子是非常基礎的 JavaScript，還請耐心繼續看下去。

首先，編寫如下的程式碼並且執行：

```
var name, age;
name = "太郎";
age = 18;
alert(name);
alert(age);
```

變數 name 輸入“太郎”；age 輸入 18，兩個變數代入 alter，結果當然會顯示「太郎」「18」。

如同預期名字叫做太郎、年齡為 18 歲，這邊再多追加一個人的資訊：

```
var name, age;
name = "太郎";
age = 18;
name = "花子";
age = 16;
alert(name);
alert(age);
```

追加花子、年齡16歲，跟剛才一樣代入alter，結果會如何呢？

結果顯示「花子」「16」。

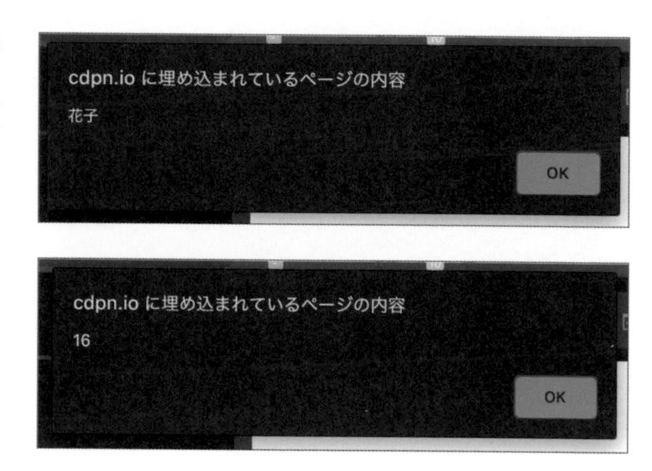

這樣編寫的話，name 的值為“花子”、age 的值為“16”，最終顯示花子的資訊。雖然能夠執行，但令人困擾的是，完全沒有顯示太郎的資訊。變數 name 和 age 輸入花子資訊，直接覆蓋掉太郎 18 歲的資訊。

那麼，該怎麼辦呢？如下編寫，就可個別儲存太郎和花子的資訊。

```
var person1 = {
  name: "太郎",
  age: 18
}
var person2 = {
  name: "花子",
  age: 16
}
alert(person1.name);
alert(person1.age);
alert(person2.name);
alert(person2.age);
```

執行結果如下：

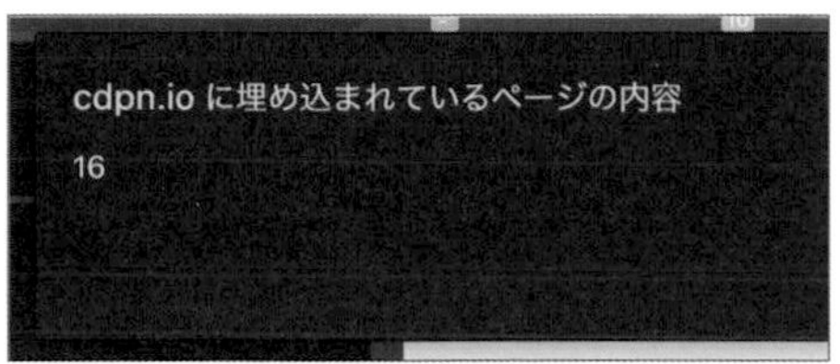

這個程式碼製作了 person1 和 person2 的物件，各別指定 name 和 age 屬性。不太熟悉 JavaScript 的讀者，可簡單想成針對太郎準備了 person1 的箱子；針對花子準備了 person2 的箱子。

兩者皆有 name 和 age，不同的箱子裝入不一樣的資訊。person1 和 person2 發揮了命名空間的作用。

雖然 JavaScript 沒有命名空間的概念，但上述 person1 和 person2 發揮的作用，跟其他程式語言中的命名空間大致相同。

即便同樣是名稱資訊，也猶如裝進不同的箱子，劃分至不一樣的區域，所以才稱為「命名」「空間」。然後，由於程式語言 JavaScript 沒有命名空間的機制，故筆者才描述成「命名空間式」。

何謂命名空間式：CSS 的情況

抱歉突然談起 JavaScript，現在回來討論 CSS。

令人遺憾的是，CSS 做不到剛才的 JavaScript 操作，但有辦法做到類似的功用。如前所述，就是在類別名稱的前面加上 cssmania-。

將剛才的太郎花子範例，如下有些強硬地轉成 CSS：

```
<!-- 太郎 -->
<div class="name"></div>
<div class="age"></div>
<!-- 花子 -->
<div class="name"></div>
<div class="age"></div>
```

```
.name::before { content: "太郎"; }
.age::before  { content: "18"; }
.name::before  { content: "花子"; } /* 採用此規範 */
.age::before  { content: "16"; } /* 採用此規範 */
```

執行結果如右：

```
花子
16
花子
16
```

這樣後續編寫的第三個、第四個選擇器，會覆蓋最初兩個選擇器的內容，執行結果不會呈現「太郎」、「18」。

此時，如下編寫就不會發生衝突：

```
<!-- 太郎 -->
<div class="person1-name"></div>
<div class="person1-age"></div>
<!-- 化子 -->
<div class="person2-name"></div>
<div class="person2-age"></div>
```

```
.person1-name::before  { content: "太郎"; }
.person1-age::before  { content: "18"; }
.person2-name::before  { content: "花子"; }
.person2-age::before  { content: "16"; }
```

執行結果如右，確實顯示了「太郎 18」、「花子 16」。

太郎
18
花子
16

「啊！多麼原始的解決方法⋯⋯」接觸過其他程式語言的人或許會這麼想，但 CSS 缺少其他程式語言具備的功能。BEM、命名空間式前綴詞的做法，雖然辦法原始但都努力嘗試解決問題。

就 BEM 而言，只要不在區塊內重複元素名稱即可，以區塊名稱為類別名稱的命名空間式前綴詞。

怎麼使用命名空間式前綴詞

前面講解得一長串，總結就是「**在前面加上 cssmania- 等前綴詞，類別名稱便鮮少與其他名稱重複**」。

那麼，命名空間式前綴詞該使用什麼樣的文字列呢？下面列舉五種示例：

1. **專案名稱**
2. **描述 BEM 區塊的文字列**
3. **描述規範分類的文字列**
4. **描述用於哪個頁面的文字列**
5. **描述功能名稱的文字列**

1. 專案名稱

首先，第一種方法是以專案名稱為命名空間式前綴詞，描述這是屬於該專案的程式碼。例如，前面以 `cssmania-` 等文字列為命名空間式前綴詞。

咖啡店的網站前綴 `coffeeshop-` 或者 `cs-`；書店的網站前綴 `bookstore-` 或者 `bs-`，對所有類別名稱都加上前綴詞。前面加上文字列後，幾乎不會有類似「`alert` 類別重複了！」的情況，而且也容易加載 Bootstrap。就防止衝突而言，添加前綴詞可大幅增加安心感。

2. 描述BEM區塊的文字列

第二種方法是，在 BEM 區塊底下的類別前面都加上 `b-`，表示這些類別屬於 BEM 的要素。

前面有介紹 SMACSS 的基礎規範、布局規範、主題規範以及功能類別，但這些皆不是 BEM 的內容。為了與這類程式碼區別，對採用 BEM 設計的要素，在類別名稱的前面加上 `b-`。

以 `alter` 區塊為例，程式碼如下：

```
<div class="b-alert">
  <h2 class="b-alert__title">發生錯誤</h2>
  <p class="b-alert__text">請稍後再嘗試ください</p>
</div>
```

筆者認為這是有意義的前綴詞，除了跟專案名稱一樣防止發生衝突外，也可向團隊成員傳達程式碼的意圖。

3. 描述規範分類的文字列

第三種方法是第二種方法的延伸，對非採用 BEM 設計的類別名稱，也加上描述該類別分類的前綴詞。

若 BEM 類別加上 `b-` 的話，則主題規範加上 `theme-`、`t-`；布局規範加上 `layout-`、`l-`；功能類別加上 `util-`、`u-` 等前綴詞。

套用前綴詞後，HTML 的程式碼如下：

```
<html class="theme-dark">
...
<div class="l-sidebar">
  <nav class="b-sidenav">
    <ul class-"b-sidenav__list">
      <li class="b-sidenav__list-item"><a>About</a></li>
      <li class="b-sidenav__list-item u-text-bold"><a>Products</a></li>
      <li class="b-sidenav__list-item"><a>Company</a></li>
      <li class="b-sidenav__list-item"><a>Contact</a></li>
    </ul>
  </nav>
</div>
...
```

雖需對 CSS 設計有某種程度的瞭解，才有辦法理解程式碼，但一眼便可看出各個類別的指派意圖，變得更容易理解程式碼的架構。

4. 描述用於哪個頁面的文字列

第四種方法是，以描述該區塊用於哪個頁面的文字列為前綴詞。

僅用於首頁的區塊使用 top-；僅用於商品資訊頁面的區塊使用 products-；僅用於公司介紹的區塊使用 company-，以頁面名稱、網站架構的分類為前綴詞。

例如，已知下述區塊僅用於公司介紹的頁面。

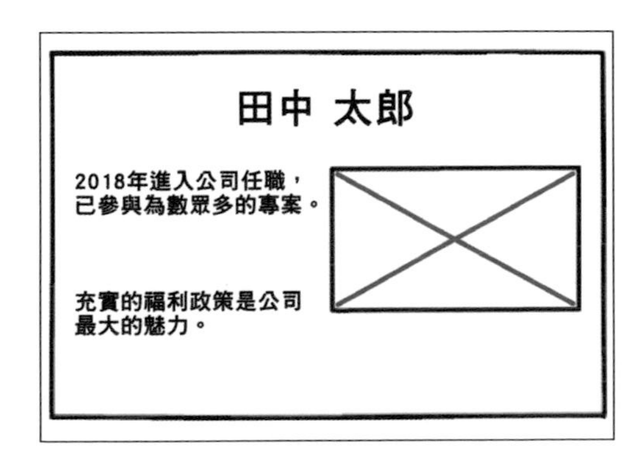

這樣的話，程式碼如下：

```
<div class="company-member-profile">
  <h3 class="company-member-profile__title">田中 太郎</h3>
  <img class="company-member-profile__photo" />
  <div class="company-member-profile__text">
    <p>2018年進入公司任職，已參與為數……</p>>
    <p>充實的福利政策是……</p>>
  </div>
</div>
```

由於加上 company-，可理解這是用於公司介紹的區塊。

雖然將會再利用的東西作成區塊，但整個網站不會使用所有的區塊。例如，僅用於首頁的輪播功能、僅用於問答頁面的表單等等。

這類區塊會像這樣加上描述頁面名稱的前綴詞，而整個網站都會使用的區塊，則加上 common-、shared- 等前綴詞。

以此方法對類別名稱加上前綴詞，能夠迅速判斷各個區塊用於何處。

5. 描述功能名稱的文字列

第五種方法是，以描述其功能的文字列為前綴詞。

例如，可簡單實現提示訊息功能的 Tippy.js 函式庫。

Tippy.js
https://atomiks.github.io/tippyjs/

使用該函式庫，能夠輕鬆實現如右的提示訊息。

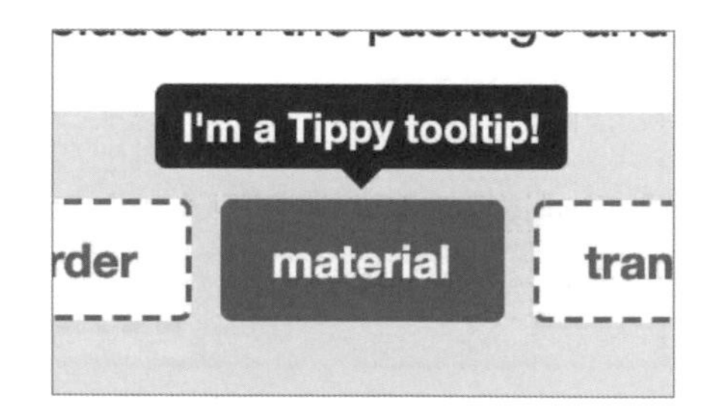

想要像這樣在頁面執行某項功能，得將 HTML 程式碼插進頁面。Tippy.js 會作成提示訊息部分的 HTML，如下加入頁面當中：

```
<div data-tippy-root>
  <div class="tippy-box" data-placement="top">
    <div class="tippy-backdrop"></div>
    <div class="tippy-arrow"></div>
    <div class="tippy-content">My content</div>
  </div>
</div>
```

如程式碼所見，所有要素的類別名稱前綴詞都是 `tippy-`。然後，Tippy.js 會以這些類別為起點，準備套用樣式的 CSS。

```
.tippy-box { ... }
.tippy-backdrop { ... }
.tippy-arrow { ... }
.tippy-content { ... }
```

以描述功能名稱的文字列為前綴詞，不會影響到該功能以外的 CSS。這樣的話，即便嵌入陌生不明的專案，也幾乎不會發生問題。

●

如前所述，命名空間式前綴詞存在各種不同的用法。

應該使用命名空間式前綴詞嗎？

是否應該使用命名空間式前綴詞？

就筆者而言，基本上建議使用一些前綴詞。

雖然前面舉了許多例子，但不必過於苦惱使用哪種前綴詞，總之使用描述專案名稱的 `cssmania-` 等前綴詞，或者加上描述 BEM 的 `b-`，都能夠帶來莫大的安心感。

「有必要如此慎重嗎？」內心或許這麼認為，但進行團隊開發的時候，程式碼有可能脫離自己的管理，「若未像這樣加上前綴詞的話，日後會擔心套用不明的樣式而睡不著。」筆者認為，CSS 的編寫人員得如此慎重小心。

「只有我一個人獨自開發程式碼，才不會混合其他人的 CSS。」專案啟動當下的確是如此，但某天突然想運用某個函式庫、某個使用者介面框架的一部分等，都是日後可能發生的情況。

基本上，不用期待外部的程式碼仔細編寫，有注意不干涉其他部分。如同前面舉例的 Tippy.js，編寫時有注意不干涉樣式，相當難能可貴。然而，這需要視函式庫的完成度而定，即便是大名鼎鼎的 Bootstrap，也使用了常見的 `alter` 類別名稱。

雖然加上命名空間式前綴詞，並不能夠完全防止規範發生衝突。然而，不假思索地編寫程式碼，可能在不知不覺中陷入競合的慘況，內心應該謹記這點。

第13章

設計區塊間的留白：前篇

前面接續 BEM 的內容，介紹了許多非 BEM 的設計技巧。這次會分成三章講解設計留白的思維。

「好喔！理解了 BEM，也掌握了布局、功能類別的內容，堪稱所向無敵……！」雖然是這麼認為，但實際編寫程式碼仍舊問題重重。

其中一個就是留白的問題。CSS 設計感覺並不常討論留白的問題，這可能是因為比起從 CSS 的角度切入，更應該從設計的觀點來討論。

當然，設計時需要考慮留白……不如說，若問該歸類為設計還是實作，留白應該是設計方面的責任。然而，完成最終成品卻是實作方面的責任，得想辦法實現已設計的留白。

留白的問題非常耗費時間，且當陷入苦惱時就為時已晚了。起初沒有考慮清楚，日後會變得難以修正，故筆者認為必須時常留意。

何謂留白的問題？

「留白、留白……到底在說什麼啊？」許多讀者可能產生疑問，這邊就先舉極為簡單的例子，瞭解會發生哪些令人困擾的事情。

這裡所說的留白，主要是指區塊間縱向留出的空白。至於橫向的留白，跟後面講解的內容無關，分開討論會比較容易理解。

橫向留白和縱向留白是不同的事情。雖然僅是筆者個人的看法，但實作時有這樣的認知比較容易編寫。

區塊間有留白的設計

首先，假設有如右的設計。

Entry Title

The quick brown fox jumps over the lazy dog. The quick brown fox jumps over the lazy dog. The quick brown fox jumps over the lazy dog. The quick brown fox jumps over the lazy dog. The quick brown fox jumps over the lazy dog.

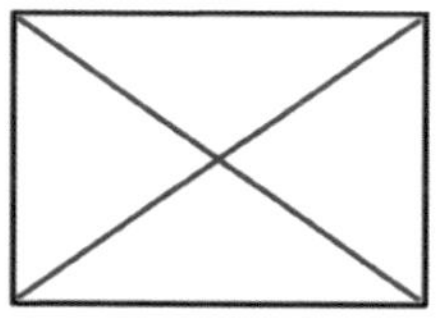

- AX2234: specification
- AX2235: specification
- AX2236: specification

採用類似 BEM 的程式碼，實踐該設計內容：

```
<h1 class="entry-title">Entry Title</h1>

<!-- 區塊之間 -->

<p class="paragraph">The quick brown...</p>

<!-- 區塊之間 -->

<div class="media">
  <img class="media__item" />
  <img class="media__item" />
</div>

<!-- 區塊之間 -->

<ul class="nav-list">
  <li class="nav-list__item"><a>AX2234: specification</a></li>
  <li class="nav-list__item"><a>AX2234: specification</a></li>
  <li class="nav-list__item"><a>AX2234: specification</a></li>
</ul>
>
```

此時，怎麼安排兩區塊間的區域？相當令人苦惱。該怎麼辦呢？

留白的設定範例

該怎麼辦呢？如程式碼所見，由於區塊間存在空隙，需要指定 margin 或者 padding，而處理方式林林總總。本書會將這個空白區域，稱為區塊間的「留白」。

在剛才的舉例中，將區塊間的留白如右圖顯示橘色的長方形。

Entry Title

The quick brown fox jumps over the lazy dog. The quick brown fox jumps over the lazy dog. The quick brown fox jumps over the lazy dog. The quick brown fox jumps over the lazy dog. The quick brown fox jumps over the lazy dog.

AX2234: specification
AX2235: specification
AX2236: specification

例如，像這樣對各個區塊設定留白。左側箭頭是區塊中 margin、padding 的影響範圍，可想成該區塊占領的區域。

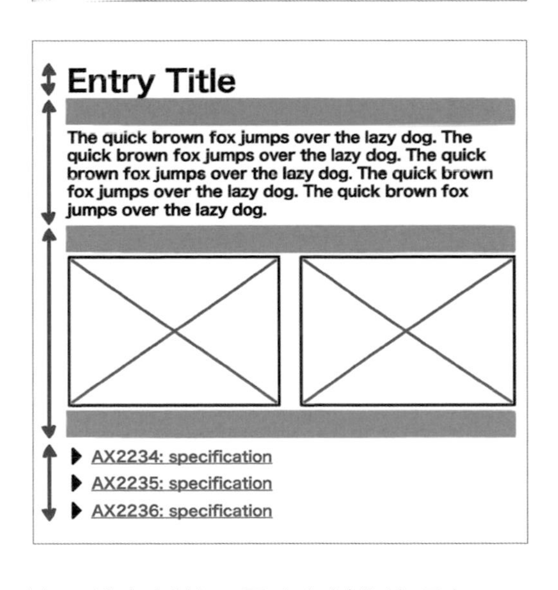

接著，由上依序與圖片比較，分別如下進行討論。圖片左側的箭頭表示，區塊與其中 padding 的影響範圍。

- entry-title：標題
  上下沒有 padding。
- paragraph：段落
  上方指定 padding。

- media：圖片
  上下指定 padding。
- nav-list：導覽清單
  上下沒有 padding。

原來如此，這個頁面似乎沒有問題。

留白的設定發生問題

然而，在其他頁面中，paragraph 和 media 如下顛倒過來。

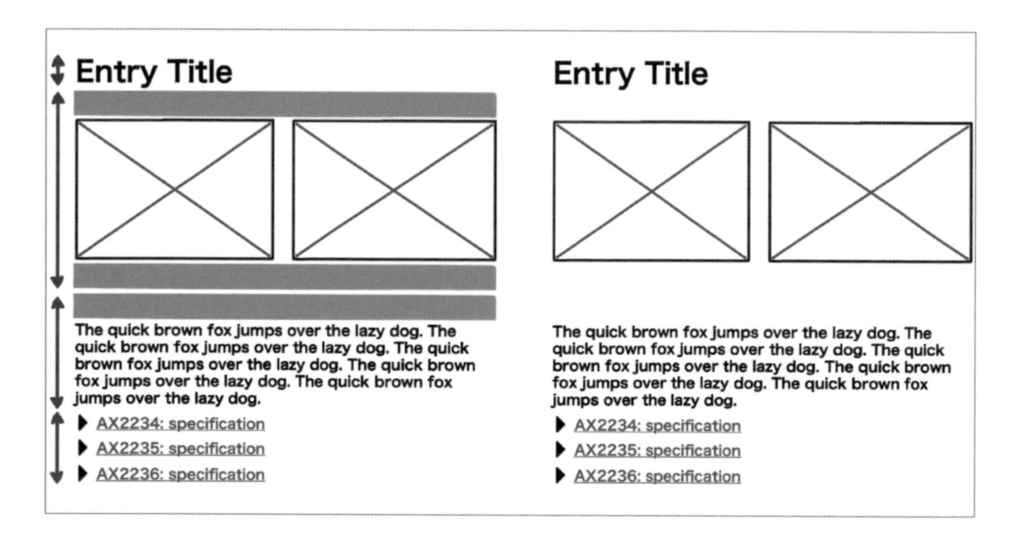

這樣的話，media 和 paragraph 之間的留白，如橘色長方形所示，出現兩份留白的高度，顯得相當空蕩。然後，底下的 nav-list 上下沒有設定留白，paragraph 下方也沒有設定留白，顯得相當擁擠。

「拜託一下，一般不會這樣指定 padding。」有些人會如此反駁。的確是如此，但像這樣未仔細考慮區塊間的留白，多多少少會發生類似的問題。**當區塊的順序改變、中間插入其他的區塊時，就會出現過於空蕩或者擁擠的情況。**

接觸其他人的程式碼

假設你接觸其他人編寫的 CSS，發現某個區塊附加了 `margin-top`。

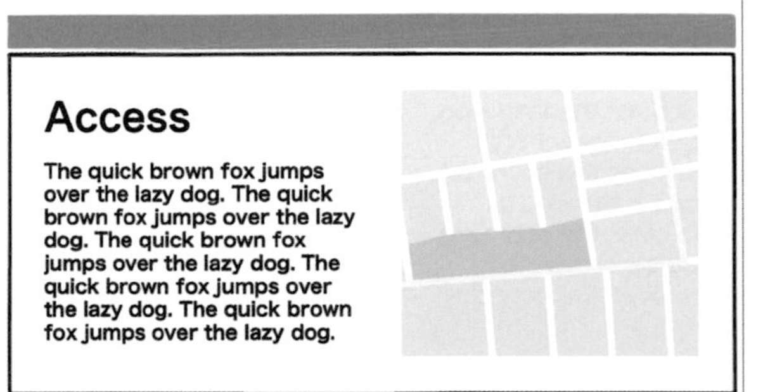

這明顯是在區塊間留下空白的設定，但妨礙到自己製作的頁面，想要消去這個留白。

該怎麼處理 `margin-top` 呢？直接消去嗎？等等，這樣不會影響其他的布局嗎？有一個方法可知道答案——**確認所有使用該區塊的地方**。若普通編寫 HTML 的話，很遺憾僅能夠這樣處理。

如前所述，哪個要素指定什麼樣的 `padding`、`margin`？怎麼表現區塊間的留白？開發人員不斷煩惱這些問題，時間也跟著流逝消失。這就是本章將討論的問題——留白設計。

留白設計

該怎麼處理留白的問題呢？筆者認為，為了不陷入這個問題，不可欠缺有關留白的設計指引。雖然跟想要設計到什麼程度也有關係，但**簡單的留白設計，除了提升開發效率外，也可期待較佳的營運結果**。

下面就來講解「留白設計」的內容。

過於單純的留白設計

首先，先極為單純地討論，訂定像是「所有區塊間都留出 30px 的空白」的規範。

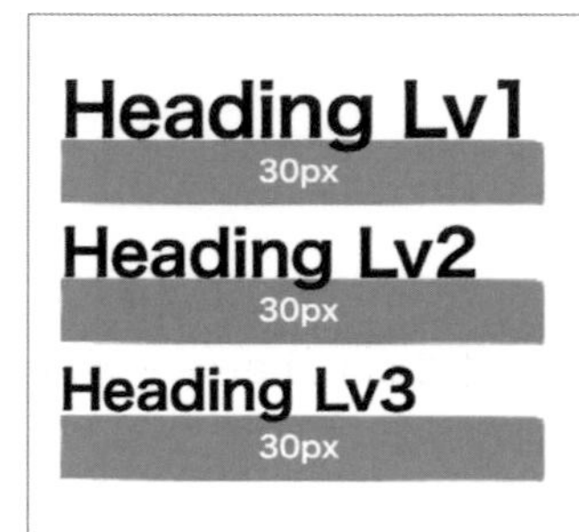

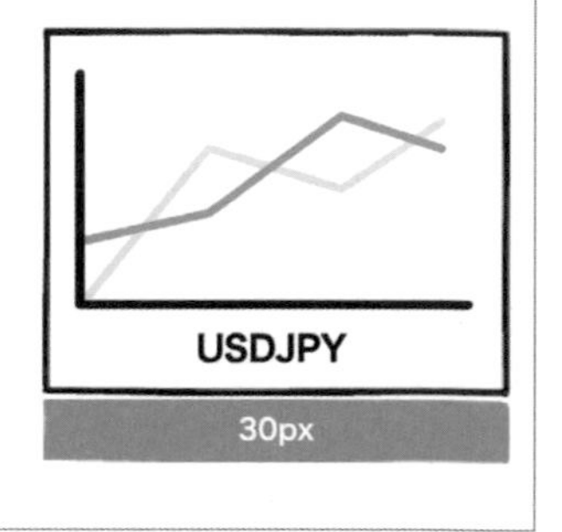

若決定依照此規範來編寫程式碼，當看到某個區塊指定 `margin-bottom: 30px`，就不需要煩惱其中的意圖。每個區塊底下都有 `margin-bottom: 30px`，據此表達區塊間的留白，非常單純且簡單易懂。

然而，如此單純的規範能夠用於網站的設計上嗎？所有區塊間都留出 30px 的空白，不會留白太多而顯得空蕩嗎？肯定沒有設計人員會同意吧。

增加留白的變化

為何這樣做不行呢？留白在設計上的處理意圖，基本上是藉由控制區塊間的空白，來表達內文間的關聯性、文章的節奏。雖然這已經超出實作的討論範圍了，但瞭解為何如此處理是相當重要的事情。

那麼，該怎麼處理呢？以前面的舉例來說，如右圖在想要賦予變化之處，指定 30px 以外的留白值。

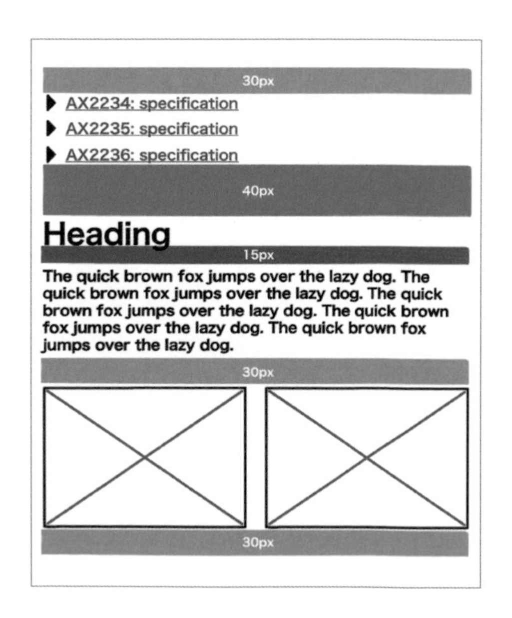

藉由增加變化，設計成使用者容易掌握內容的形式。然而，太過自由地變化也不行，仍舊得考慮留白的規範。這邊並非完全否定自由地一一指定留白，但面對製作大量頁面的時候，全部一一指定留白的做法過於費時費力，我們必須認識到這點。此時，筆者建議不規劃過於多樣的變化，並訂定區塊間的留白規範來設定區塊間的空白。

就留白設計的思維而言，還有**事先決定留白變化的方法**。首先，準備幾個不同類型的留白，再於配置新的區塊時，從中選出上下的留白類型。當覺得既有樣式稍嫌不足的時候，才追加帶有新意義的留白變化。

若毫無任何規範遵循，「這個部分稍微留白 32px……」「這邊感覺要擁擠一點，就留白 27px 吧……」不假思索地隨意決定留白，可能造成日後難以領會 CSS 中 `margin-bottom: 32px` 的意圖。在加入新的區塊時，各處都得思考上下應該設定多少像素的留白。

一併討論設計和實作

「這是設計方面的問題吧。」的確是如此，但這同時也是設計和實作兩方面的問題。想要解決問題的話，必須一併討論程式碼的編寫和設計上的規範。

然而，若本書僅輕描淡寫「請和設計人員討論」「這偏離實作的內容」，就太過推卸責任了。因此，下面來介紹筆者過去是怎麼考慮、設計留白。

這些範例與其說是筆者的想法，不如說是過去在各種專案中，與設計人員一同絞盡腦汁的觀點。筆者也不認為這是最佳正解，期望各位能夠當作一個例子，作為自己在思考留白時的參考。

留白的方向

首先討論留白的方向，該在區塊的上方還是下方設定留白？上下都能夠留出空白，故有下述三種選擇：

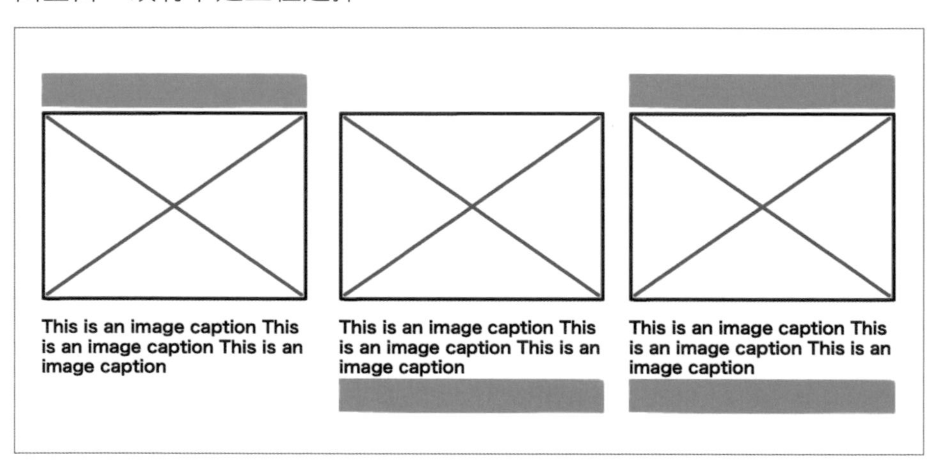

- A：在區塊上方設定留白。
- B：在區塊下方設定留白。
- C：在區塊上下設定留白。

CSS 需要設定 `padding`、`margin`，應該選擇哪一種方式呢？

筆者通常會選擇三個當中的 B，但選擇 A 也可以，建議決定上方或者下方設定留白。唯一不推薦的是上下都留出空白，這會讓情況變得過於複雜。

上下留白的規範或許會有很棒的設計結果，但筆者認為這非常難以達成。基本上統一上方或者下方留白，再視情況於相反方向設定空白會是比較好的安排。

那麼，該選擇上方還是下方呢？這有諸多細微不同的優缺點，但筆者直觀地認為應該選擇下方設定空白。

就筆者的印象而言，多數開發人員會選擇上方留白，這部分可採取自己容易處理的形式，實作時也應該與設計人員討論。若自己考慮下方留白，而設計人員考慮上方留白的話，只會讓情況變得混亂，彼此必須有某種程度的溝通。

決定留白的變化

決定好上方還是下方後，接著決定基本的留白值，如設定 30px 當作基本的區塊留白。僅單純排列區塊的時候，中間可設定 30px 的留白。這個基本的留白值 30px，假設為 M（Medium）大小的留白。

如前所述，同樣的留白值可能顯得過於單調。因此，再以 30px 為基準，追加不同意義的留白變化。

標題下方的留白

例如，在筆者過去參與的工作中，標題下方通常會設定較少的留白。為了表達標題與下方的內容有關，較少的留白比較容易看出關聯性。因此，留白值設定為 30px 的一半 15px。

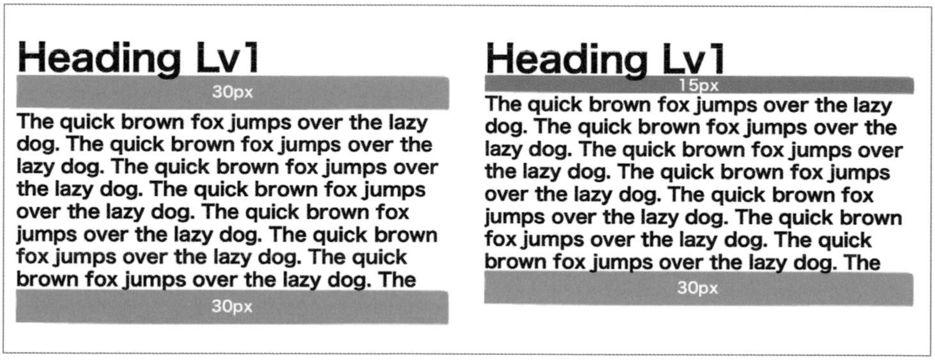

這個 15px 的留白，假設為 S（Small）大小的留白。

標題上方的留白

標題是用來表示即將開始討論底下的文章，標題和敘述的內容可視為一個段落。為了表達此關聯性，上方通常會取較多的留白。這邊設定為 40px。

這個 40px 的留白，假設為 L（Large）大小的留白。

區隔內容段落的留白

如同網頁中的吸睛區域（hero area），會有想要祭出大型視覺效果的地方。為了與後續內容區別，底部會想要取較多的留白。

這邊也設定 40px 的 L 大小留白。

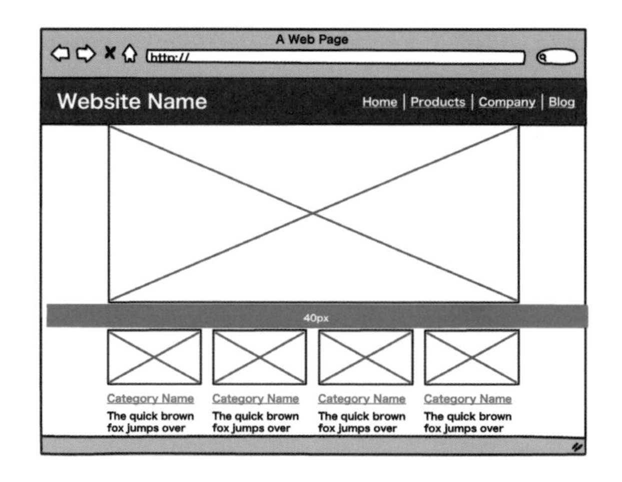

不要增加過多的留白變化

……像這樣討論每個部分的留白，到目前為止，出現下述三種留白變化：

- S（15px）：標題下方等，用於與後續內容有強烈關聯性的情況。
- M（30px）：基本的區塊間留白
- L（40px）：標題上方等，用於區別內容段落的情況。

在設計／實作後續的頁面時，基本上會從像這樣已經準備好的留白變化選擇，再使用 padding、margin 來呈現留白。避免任意增加留白的變化，僅當既有樣式不足以表現時，才可追加其他的留白變化。這是筆者對留白設計的基本思維。

訂定留白寬窄的規範後，可大幅減少實作時思索的時間。在設計的規範方面，統整留白除了減少煩惱的源頭外，也比較容易對實作人員下達指示。

當然，這邊並非推薦以三種留白處理所有的設計。就現實面而言，三種樣式可能過少。實際設計／實作時，也得一併考慮區塊中元素間的間隔，肯定需要準備更多樣的變化。

建議的做法是，事先準備幾種留白的變化，於整個專案當中共通使用。

雖然起初需要花時間做決定，但確立好留白的規範後，就也決定了 HTML 和 CSS 中怎麼指定 padding、margin，可大幅提升編寫程式碼的速度。

●

以上就是留白設計的基本思維。
雖說如此，但這僅只是筆者個人的觀點，還請讀者多加注意。然後，各位在閱讀時應該也有感受到，有一半是在討論設計方面的事情。

筆者並非設計人員，但至今與諸多設計人員共事，大致都是採用這樣的基本思維。若缺少基本思維的話，自己可能任意批判設計、逕自投入實作。有多少人就有多少種留白設計。這邊需要注意的是，架設的網站愈大型，**完全沒有考慮留白直接編寫程式碼愈為危險**。因此，建議先考慮清楚再進行設計。

下一章將會介紹留白設計的相關技巧。

第 14 章

區塊間的留白設計：中篇

前章介紹了區塊間留白設計的基本思維。本章會繼續討論筆者認為的留白設計，介紹稍微複雜的衍伸內容，各位可當作留白設計的技巧來閱讀。

上方想要設定較多留白的情況

前章的舉例中，標題具備區隔內容段落的作用，上方設定 L 大小（40px）的留白。然後，緊接標題底下的內容，為了表達彼此相關，下方設定 S 大小（15px）的留白。

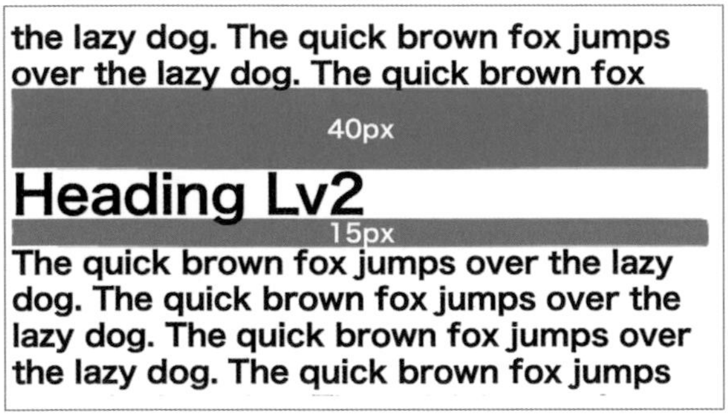

the lazy dog. The quick brown fox jumps
over the lazy dog. The quick brown fox
40px
Heading Lv2
15px
The quick brown fox jumps over the lazy
dog. The quick brown fox jumps over the
lazy dog. The quick brown fox jumps over
the lazy dog. The quick brown fox jumps

這跟前面「筆者認為要在下方留白」相違，究竟是怎麼一回事？「果然上方也要設定留白？」內心可能產生疑問。下方介紹兩種的實作方法。

1. 例外地在上方設定留白

第一個方法相當單純，直接在標題上方取 10px 的空白。

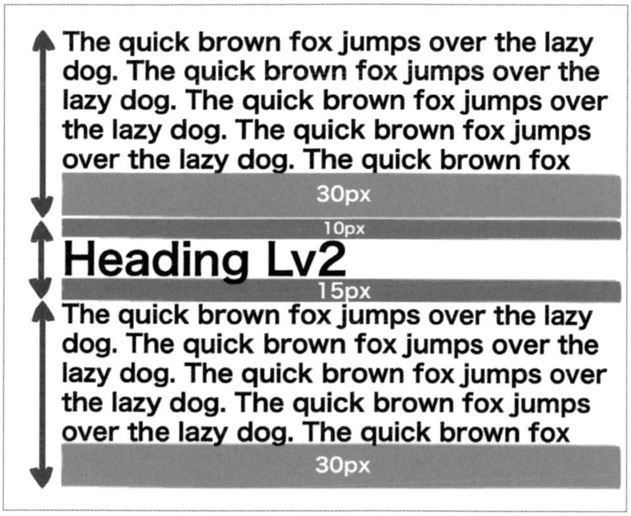

在標題上方設定留白 10px，搭配 M 大小的留白 30px，就會變成 L 大小的留白 40px。解決方法是基本下方留出空白，此處例外地上方也設定留白。

留白 10px 是新出現的樣式，假設為 XS（Extra Small）大小的留白。這樣 10 ＋ 30 ＝ 40px，就形成 L 大小的留白。

2. 準備Section元素

原來如此，這似乎是不錯的辦法。雖然沒有什麼問題，但筆者不甚喜歡對區塊的上下設定留白，感覺程式碼變得複雜難懂。三個月後再觀看程式碼時，大概會停下來猜測意圖吧。

這邊有不一樣的實作方法——另外準備包含標題和其內容的區塊。具體而言，程式碼如下：

```
<section class="contents-group">
  <h2 class="heading2">Heading Lv2</h2>
  <p class="paragraph">The quick brown fox jumps over the lazy dog...</p>
</section>
<section class="contents-group">
  <h2 class="heading2">Heading Lv2</h2>
  <p class="paragraph">The quick brown fox jumps over the lazy dog...</p>
</section>
```

HTML 套用下述 CSS：

```
.contents-group {
  padding-bottom: 10px; /* 30px + 10px → 40px（L大小的留白） */
}
.paragraph {
  margin-bottom: 30px; /* M大小的留白 */
}
```

示意圖如右，橘色部分是 paragraph、紫色部分是 contents-group。

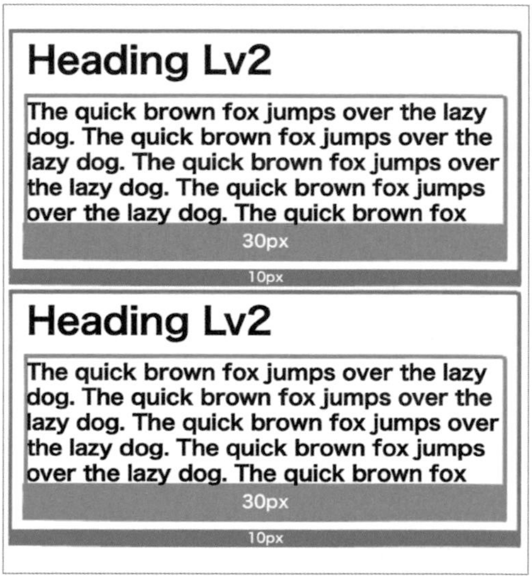

paragraph 底下設定的 M 大小留白 30px，加上 contents-group 底下設定的 10px，就會變成 L 大小的留白 40px。在 HTML 的語法上，最適當的做法是對 contents-group 使用 section 元素。

若是這個方法的話，設計留白時可保持下方留出空白的規範。雖然需要標記來描述該語言結構的意圖，但筆者會盡可能採用這種方法。

不過，使用 section 的實作方法，會增加 HTML 程式碼的複雜性。每個標題都得用 contents-group 圍起，僅單純地排列區塊無法完成最終的頁面，需要小心留意。

兩種方法是尺有所長、寸有所短，**設定複雜的留白時，實作的複雜性也會隨之增加**。然而，比起各處皆得考慮留白的情況，可是有著天壤之別。

表達頁面大致結構的留白設計

準備表達頁面大致結構的區域，再於該區域設定留白，這與其說近似前面的 section 留白設計，不如說是其衍伸的應用手法。由於實作起來相當複雜，故平時不太常使用，但仍舊介紹給讀者當作參考。

常見的頁面範例

例如，假設有這樣的頁面。

從 BEM 的角度解析頁面內容，可知排列的區塊大致如下。請對照畫面中的使用者介面來觀看。

- 頁面標題
- 頁面概要內容
- 頁面內的錨點導覽
- 大標題
- 段落與圖片
- 大標題
- 段落
- 大標題
- 圖片
- 導覽連結

這是相當普通、極為常見的頁面格式。

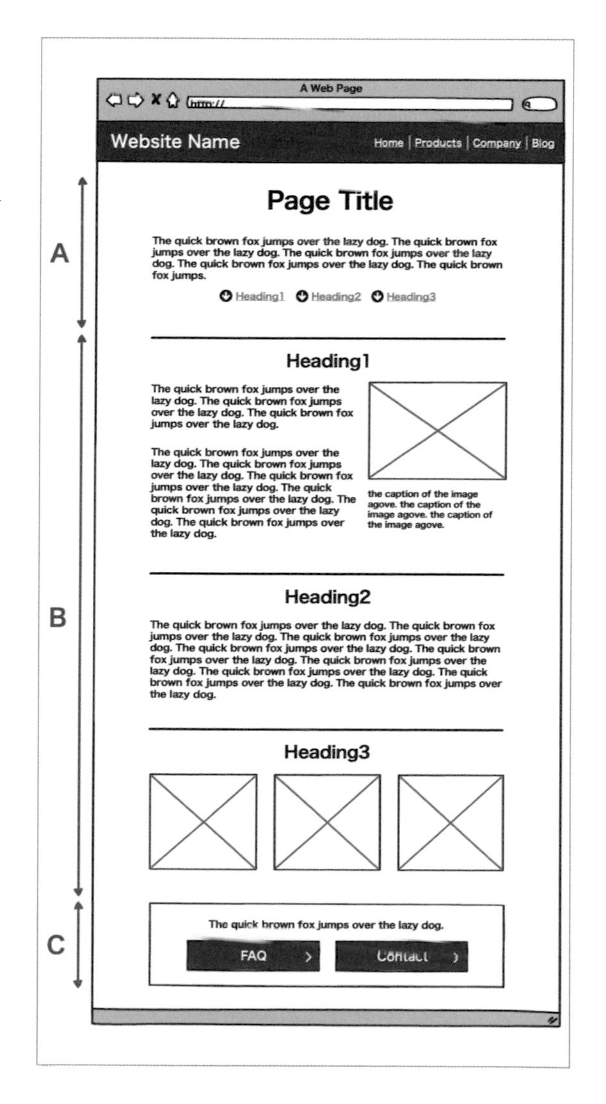

三個內容區域

假設欲在此頁面設計區塊間的留白，先將頁面粗略劃分為如下架構：

- A：頂部內容區域
- B：中間內容區域
- C：底部內容區域

一個頁面的開頭是導引內容，接著安排主要的內文，最後配置導覽連結，或者整個頁面的補充內容……大多都是這樣的排版模式。

若是 FAQ 頁面的話，開頭是 Question 的內容，接著安排 Answer 為主要的內文，最後配置是否解決的問卷，或者諮詢頁面的導覽連結。

若是商品頁面的話，開頭是商品概要，接著安排商品的文宣，最後配置放入購物車的按鈕，或者資料索取、購物網站的超連結。這些是相當常見的排版模式。

將區塊放入三個內容區域

將該頁面的區塊集個別指派至三個區域，架構如下所示：

- A：頂部內容區域
  頁面標題
  頁面概要內容
  頁面內的錨點導覽
- B：中間內容區域
  大標題
  段落與圖片
  大標題
  段落
  大標題
  圖片
- C：底部內容區域
  頁面底部的導覽連結

前面的設計圖是以左端的箭頭表示 ABC，各位可再次對照設計圖來觀看。

這邊並非要大家都像這樣分成三個區域，來考慮頁面的架構。然而，如同故事的起承轉合，頁面的內容也有相似的結構。

將頁面頭部、中間、底部等三個區域，彼此之間設定較多的留白，使用者比較容易理解整個頁面的架構，這就是留白設計的目的。

程式碼範例

下方就來看實踐此目的、大幅簡化的程式碼範例。

首先，要將 HTML 中堆砌的區塊程式碼，

```
<div class="block-name">...</div>
<div class="block-name">...</div>
<div class="block-name">...</div>
<div class="block-name">...</div>
<div class="block-name">...</div>
<div class="block-name">...</div>
<div class="block-name">...</div>
```

如下使用各個內容區域圍起來：

```
<div class="layout-main-head-contents">
  <div class="block-name">...</div>
  <div class="block-name">...</div>
</div>
<div class="layout-main-body-contents">
  <div class="block-name">...</div>
  <div class="block-name">...</div>
  <div class="block-name">...</div>
  <div class="block-name">...</div>
</div>
<div class="layout-main-foot-contents">
  <div class="block-name">...</div>
</div>
```

假設每個區塊已經設定適當的留白，如同前面的舉例向下指定 30px 的 padding，再於各個區域下方進一步設定留白。

```
.layout-main-head-contents {
  padding-bottom: 10px;
}
.layout-main-body-contents {
  padding-bottom: 20px;
}
.layout-main-foot-contents {
  padding-bottom: 10px;
}
```

此時，頁面的留白如下：

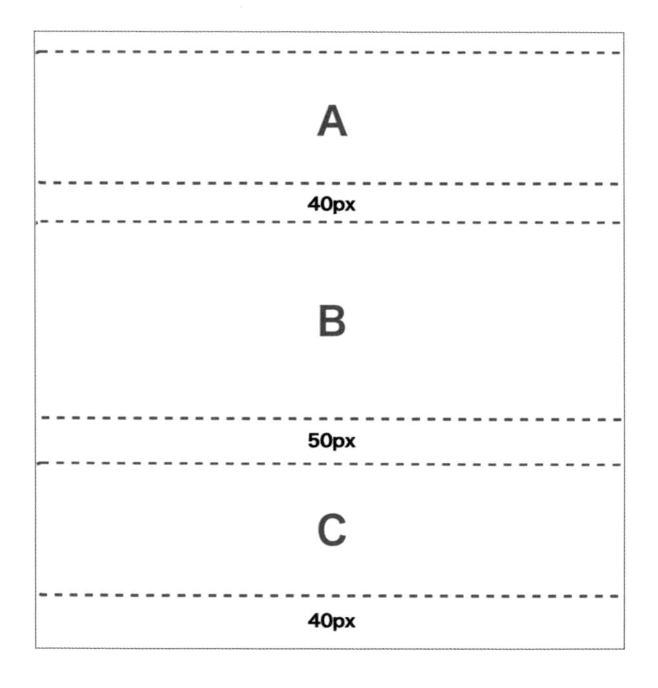

- A 下方：頂部內容區域下方：40px（30px ＋ 10px）
- B 下方：中間內容區域下方：50px（30px ＋ 20px）
- C 下方：底部內容區域下方：40px（30px ＋ 10px）

像這樣將頁面的主要部分拆成三個結構，分別設置表達各個結構的區域，就能夠靈活地對內容的段落設定留白。僅單純地排列區塊的話，難以簡單地表達出來。

與內容的設計一併考量

這樣的話，除了實作和設計外，也要討論如何安排內文。雖然可能覺得大幅偏離實作的範圍，但 HTML 是描述文件架構的標示語言（markup language）。

HTML 在表達內容架構上，可說發揮了適當的作用。當能夠順利呈現欲表達的設計，或許就創造了可用 HTML 和 CSS 完成內容排版～設計～實作的狀態。

當然，光由實作人員思考主要區域的架構，是沒有意義的事情。抱持以 HTML 和 CSS 實現設計圖的心情，就想完成這樣的設計可謂天方夜譚，必須與團隊中負責其他部分的成員一同討論設計。

雖然實務上可能無法充分溝通討論，但先有這樣的心理建設，再視情況發揮也很重要，筆者認為至少要能夠說出：「實作上可採用這樣的方法。」

這次接續上一章的內容，解說了留白設計的衍生手法。下一章將會深入講解留白的實作方法。

●

前面兩章介紹了留白的思維與實作，作為討論留白的最後一章，本章將會解說區塊設定留白的方法有哪些選擇。

第15章

區塊間的留白設計：後篇

前面兩章介紹了留白的思維與實作，作為討論留白的最後一章，本章將會解說區塊設定留白的方法有哪些選擇。

怎麼在區塊設定留白？

首先，先來討論「區塊設定留白的方法」。在區塊沒有設定留白的狀態，程式碼的執行結果如下：

```
<div class="block-name">...</div>
```

The quick brown fox jumps over the lazy dog. The quick brown fox jumps over the lazy dog. The quick brown fox jumps over the lazy dog.

The quick brown fox jumps over the lazy dog. The quick brown fox jumps over the lazy dog. The quick brown fox jumps over the lazy dog. The quick brown fox jumps over the lazy dog. The quick brown fox jumps over the lazy dog. The quick brown fox jumps over the lazy dog.

the image caption the image caption the image caption the image caption the image caption the image caption

重複排列三次的執行結果如下：

```
<div class="block-name">...</div>
<div class="block-name">...</div>
<div class="block-name">...</div>
```

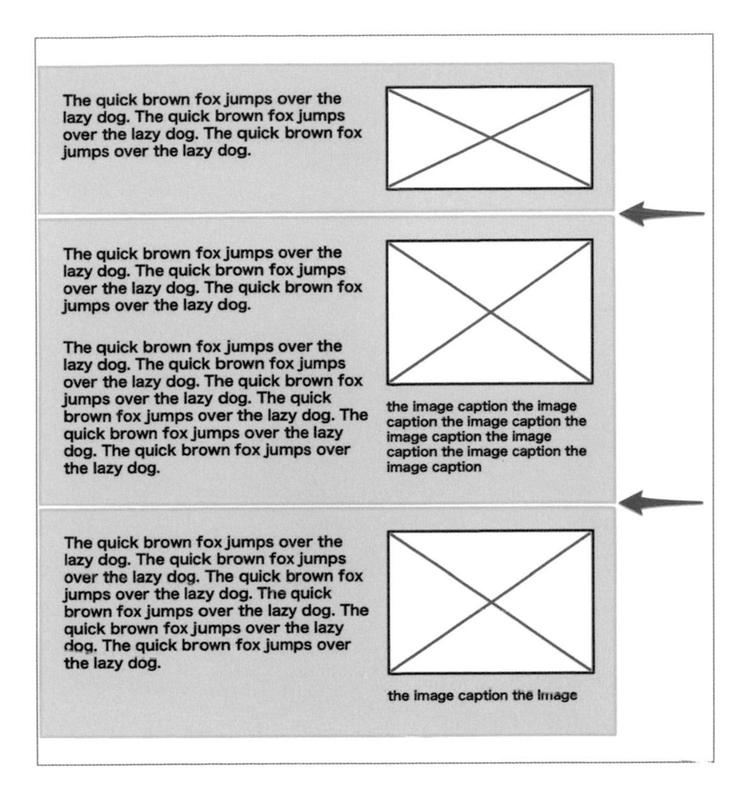

若區塊最外層的要素，上下都沒有設定 <C>margin</C> 的話，三個區塊會如上彼此緊貼一塊。這是區塊未設定留白的狀態。本章要討論的議題就是，如何以 CSS 設定區塊的留白。

關於留白的設定方法，筆者認為可簡單分成下述三種類型：

1. 對區塊本身設定留白
2. 製作留白專用的區塊
3. 使用留白用的功能類別

接著就來一一解說。

實作方法 1：對區塊本身設定留白

對區塊設定留白？這有什麼困難，程式碼像是這樣嘛。

```
<div class="block-name">...</div>
```

```
.block-name {
  background: gray;
  padding: 10px;
  border: 3px solid #666;
  margin-bottom: 30px; /* 下方留白30px */
}
```

這是第一個方法——對區塊本身設定留白，直觀地操作就行了。第一個方法相當理所當然。

這個方法的優點是，HTML 非常單純，僅排列區塊的程式碼，就整頓好了留白。因此，已經決定好區塊的留白設計時，這可說是最直觀、簡單的實作方法。

這個方法的缺點是，區塊的留白固定。例如，商品細節的區塊下方設定留白 30px，若通知頁面欲改成下方留白 15px 的話，就得想辦法處理前面的 `margin-bottom: 30px`。

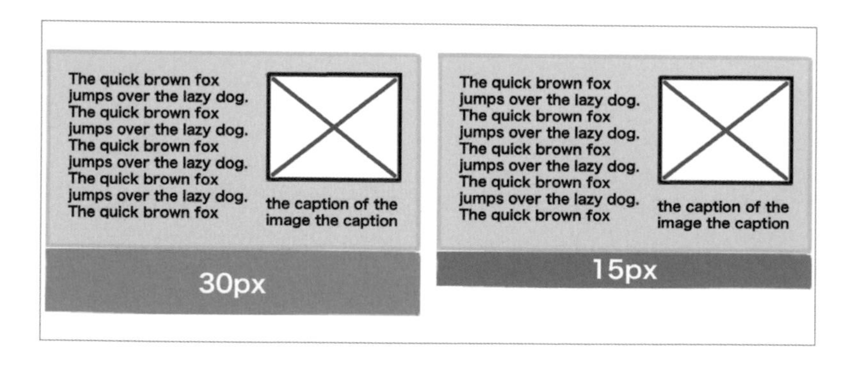

BEM 遇到這種情況會使用修飾符，準備改變 `margin-bottom` 的修飾符來變更留白。例如，下面這樣的程式碼：

```
.block-name {
  margin-bottom: 30px; /* 固定的基本留白 */
}
/* 較少的留白 */
.block-name--spacing-s {
  margin-bottom: 15px;
}
/* 較多的留白 */
.block-name--spacing-l {
  margin-bottom: 50px;
}
```

然後，想要調整留白的時候，就加上這個修飾符。

```
<!-- 較少的留白 -->
<div class="block-name block-name--spacing-s">...</div>
<!-- 較少的留白 -->
<div class="block-name block-name--spacing-l">...</div>
```

這樣能夠表現三種類型的留白。

然而，若想要讓留白有更多變化的話，每個區塊都要一一定義修飾符，顯得相當麻煩。

因此，對於區塊留白沒有太多變化的情況，可說是有效的處理方法。想要增加留白變化的時候，筆者認為從接著介紹的兩種類型，選擇其中一種會比較輕鬆。

實作方法 2：製作留白專用的區塊

第二個方法是，製作留白專用的區塊。區塊本身沒有附加 margin-bottom，但需要另外準備其他區塊包圍起來。具體的程式碼如下：

```
<!-- 較少的留白 -->
<div class="block-spacing-s">
  <div class="block-name">...</div>
</div>
<!-- 基本的留白 -->
<div class="block-spacing-m">
  <div class="block-name">...</div>
```

```
</div>
<!-- 較多的留白 -->
<div class="block-spacing-l">
  <div class="block-name">...</div>
</div>
```

```
.block-name {
  ...
  /* 下方沒有附加margin */
}
/* 較少的留白 */
.block-spacing-s {
  margin-bottom: 15px;
}
/* 基本的留白 */
.block-spacing-m {
  margin-bottom: 30px;
}
/* 較多的留白 */
.block-spacing-l {
  margin-bottom: 50px;
}
```

名稱前綴「block-spacing-」的區塊是留白專用的區塊。

該區塊僅指定margin-bottom的要素，在裡頭裝進其他區塊來使用。裝進裡頭的區塊本身不指定上下留白的margin，而是交由留白專用的區塊負責。

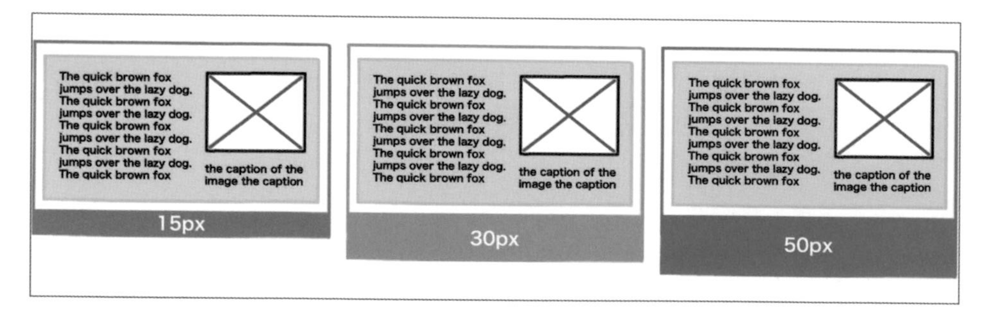

這就是第二個方法。

此方法的優點是，可靈活地對區塊設定留白、編寫區塊時不必考慮留白的問題。

下方想要設定基本的留白 30px 時，就用 block-spacing-m 圍起來；想要設定較少的留白時，就用 block-spacing-s 圍起來。若是前面對區塊本身設定留白的話，遇到這種情況得準備修飾符。與此相對，這個方法在製作區塊時完全不用顧慮留白的問題。

因此，若尚未決定留白類型，或者想要多樣的留白變化，實作上明顯會比對區塊本身設定留白來得容易。

然而，這並非完美無缺。

此方法的缺點是，必須一一以留白專用的區塊圍起來。這會造成總是得多加一層 div，讓 HTML 的程式碼變得複雜。若大部分的區塊下方都想留白 30px 的話，會陷入不斷使用 block-spacing-m 圍起來的窘境。在這種情況下，難以領會留白專用區塊的優勢。雖然具有靈活性，但遇上本身單純的留白設計時，反而沒有必要選擇此方法。

實作方法 3：準備留白用的功能類別

第三個方法是，準備留白用的功能類別。

這僅是使用功能類別，發揮方法二中留白專用區塊的功用。如同第二個方法，區塊本身沒有附加 margin-bottom，但需要準備如下功能類別：

```
.block-name {
  /* 下方沒有附加margin */
}
/* 較少的留白 */
.util-block-spacing-s {
  margin-bottom: 15px;
}
/* 基本的留白 */
.util-block-spacing-m {
  margin-bottom: 30px;
}
/* 較多的留白 */
.util-block-spacing-l {
  margin-bottom: 50px;
}
```

然後，如下對區塊使用這些功能類別：

```
<!-- 較少的留白 -->
<div class="block-name util-block-spacing-s">...</div>
<!-- 基本的留白 -->
<div class="block-name util-block-spacing-m">...</div>
<!-- 較多的留白 -->
<div class="block-name util-block-spacing-l">...</div>
```

此方法的優缺點跟前面留白專用的區塊相同，僅差在增加 div 還是類別來留白。雖然每次都得增加類別，但能夠對應多樣的留白變化。相較於留白專用的區塊，div 的數量減少讓 HTML 較為單純，但 class 相對地變得有些繁雜。

就 BEM 規範而言，功能類別可為各處帶來變化，故應該避免過於頻繁使用，否則反而會增加 CSS 設計的複雜性。

專欄

專欄 不採用 margin 的抵銷

這是一種設計策略，沒有硬性規定一定要採用，但筆者建議別依賴 margin 的抵消。

所謂 margin 的抵銷，程式碼如下：

```
<div class="block-example-a">...</div>
<div class="block-example-b">...</div>
```

```
.block-example-a {
  margin-bottom: 30px; /* 下方留白30px */
}
.block-example-b {
  margin-top: 50px; /* 上方留白50px */
}
```

此時，兩區塊間會有多少像素的留白呢？答案不是 30 + 50 = 80px，而是 50px。

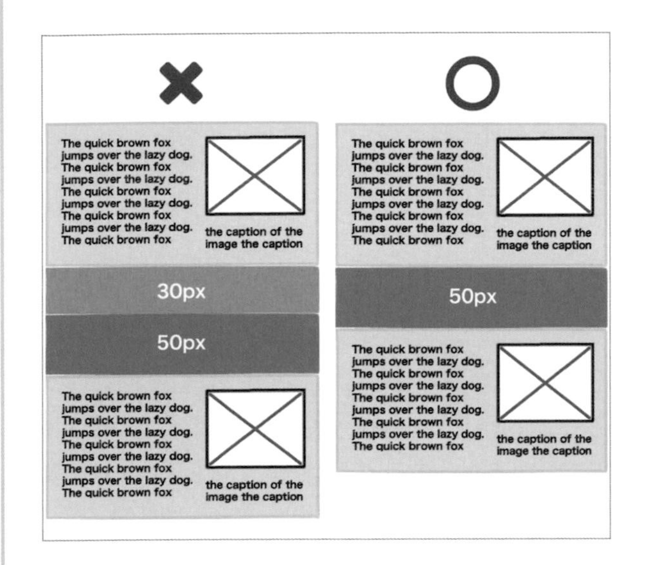

在 CSS 的工作原理中，縱向 margin 會像這樣抵銷重複的部分。嵌套要素所指定的縱向 margin，同樣也會發生抵銷。

若能夠善用這項工作原理，即便區塊上下都指定 margin，似乎也能夠靈活地設計留白，但實際上卻相當困難。因為除了 margin 外，也會指定 float、left、right，當 display 橫跨 flex 要素時，margin 不會發生抵銷。大部分的要素都是指定 margin-bottom 做下方留白，為了避免不確定的情況發生，故選擇不依賴 margin 的抵銷。

簡單來說，由於操作起來相當複雜，筆者不建議採用 margin 的抵銷。在設計上下留白的時候，若下方以 margin 確保留白的話，建議上方就刻意使用 padding 來設定，避免發生抵銷的情況。

決定實作方法的關鍵

以上是三種區塊設定留白的方式。雖然本書統整成三種模式，但這僅是筆者直觀上的分類，並非所有的 CSS 設計都對應其中一種。

瞭解了有許多實作留白的方法，但該選擇哪一種呢？內心可能產生疑問。因此，接著來介紹可當作提示的思維。筆者認為，**該選擇哪種實作方法取決於「需求」和「欲實現的功能」**。

重視簡單性的情況

例如，假設要製作好幾百頁的網站，這些頁面未使用 CMS 等管理系統，必須親手編寫 HTML 程式碼。

遇到這種情況，通常會先製作區塊的清單，再從中複製程式碼來製作大量的 HTML。若不像這樣提高效率的話，根本難以製作這種大量的 HTML 頁面。筆者過去也參與了好幾次類似的工作。順便一提，這種實作方式稱為「量產」，這是網站製作前線常用的術語。

這並非僅限於留白設計，只要是各處都得思考的程式碼設計，實作的耗費時間便會隨之增加，而且也容易發生錯誤。因此，在這種開發背景下，留白設計與實作通常會採取簡單的做法，藉此提升作業效率。

這次介紹的三種留白的實作方法中，第一種方法「對區塊本身設定留白」最為簡單，不需做太多的思考，僅需要排列區塊的 HTML 完成頁面。例如，如下的程式碼：

```
<h2 class="heading">標題</h2>
<p class="paragraph">段落段落段落段落段落段落</p>
<div class="contact-block">諮詢請洽……</div>
```

若採用留白專用的區塊或者功能類別的方法，配置區塊後得思考加上哪種留白。

```
<div class="block-spacing-s">
  <h2 class="heading">標題</h2>
</div>
<div class="block-spacing-m">
  <p class="paragraph">段落段落段落段落段落段落</p>
</div>
<div class="block-spacing-m">
  <div class="contact-block">諮詢情洽……</div>
</div>
```

比較兩種程式碼後，不難想見前者比較容易製作。採用前者的做法，不用煩惱設定哪種留白。

假設每個頁面都想要調整留白，依照文章脈絡增多減少。此時，實作變得複雜，必須有所取捨。例如，原本一個頁面 10 分鐘能夠完成，採用複雜的實作可能需要 15 分鐘。本來單純計算只需要十天就可結束，會變成要耗費 15 天才能夠完成專案。

在製作大量的頁面時，必須著重簡單性與效率。遇到需要親手不斷編寫 HTML 的情況，筆者極為推薦採用第一個實作方法「對區塊本身設定留白」。然後，在設計方面，也建議調整為簡單的規範。

不著重簡單性的情況

閱讀本書中留白設計的內容後，會覺得區塊套用固定的留白既簡單又好用，但這未必總是最佳辦法。

前面的舉例是親手編寫大量頁面的 HTML，若頁面數量並不多，則不必勉強追求簡單性。雖然最後可能同樣要對區塊設定留白，但將留白設計交由專用的區塊、功能類別來實作，就能夠依照文章脈絡靈活地控制留白，比如公司介紹頁面的區塊下方留白 30px；商品資訊頁面的區塊下方留白 50px。

另外，也有剛投入製作還不清楚整體架構，留白設計尚未完整規劃的情況。此時，留白專用的區塊、功能類別能夠靈活地實作留白。

不過，下述兩種情況是天差地遠：

- **已經決定樣式，作成可根據場所靈活設定的形式。**
- **尚未完整規劃，先作成可靈活設定的形式。**

若想法如同後者又隨便推進實作，可能陷入程式碼變得無端複雜，設計也不完整的慘況。這邊建議先訂定某些方針，再據此決定細節來實作。

按照功能需求來考慮

編寫 HTML 和 CSS 的工作，往往不是完成便了事。在實際的專案中，編寫 HTML 和 CSS 時還得考慮後處理，並非全然依照自己的想法設計、按照喜好製作，任意擺弄頁面的程式碼。

例如，請想像有這樣的 CMS 管理系統，選擇物件後會冒出輸入欄位，輸入文本、插入圖片後，畫面右側可預覽剛才設定的內容。

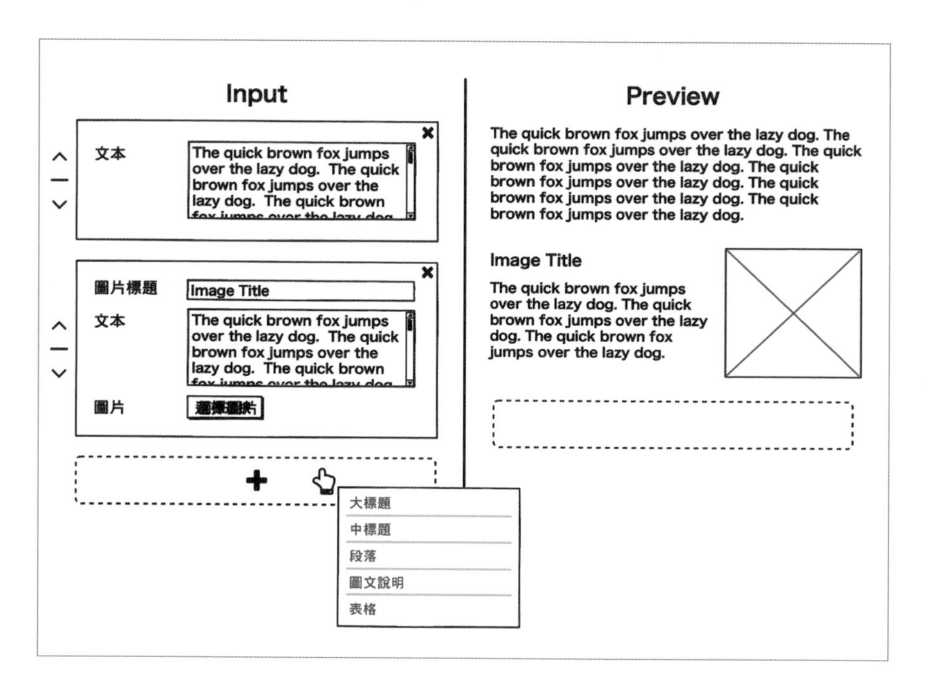

在 CMS 管理系統中，會依照追加的物件準備 HTML 模組，反映使用者輸入的值，完成最終的程式碼。堆砌區塊狀的使用者介面來完成頁面，這是相當常見的 CMS。

編寫具有這種機制的 HTML 和 CSS，無法如前面的舉例個別調整留白，一個物件僅對應一個 HTML 模組。此時，留白實作方法可選擇三種方法的任一種，但由於無法改變輸出的 HTML，為了日後容易觀看，建議選擇方法一「對區塊本身設定留白」。

然而，若物件模組追加留白設定，可自由選擇留白 15px、30px、50px 的話，管理頁面會如下顯現留白的下拉式選單。

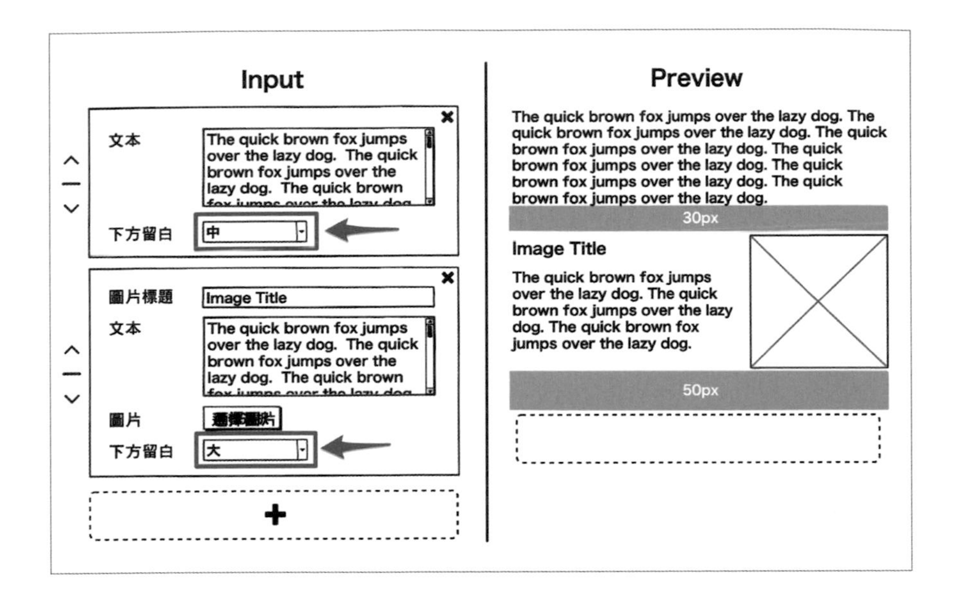

這樣情況就不一樣了。若可選擇留白的話，實作採用方法二「準備留白專用的區塊」或者方法三「準備留白用的功能類別」，會比較適合 CMS 的設計。

事先考慮後處理，有助於實作區塊間的留白設計。不如說，在考慮這些事情後，再決定留白設計的實作方法，比較能夠順暢地推進專案。CSS 的編寫人員應當掌握這類需求，據此提供最佳的實作方法。

不需要考慮區塊間留白的情況

本書前面的各種舉例，大多僅堆砌區塊便可完成頁面。然而，在製作網頁應用程式等情況，往往不是堆砌固定留白的區塊，就可完成頁面的設計。

Google 日曆的例子

例如，下圖是 Google 日曆的頁面。

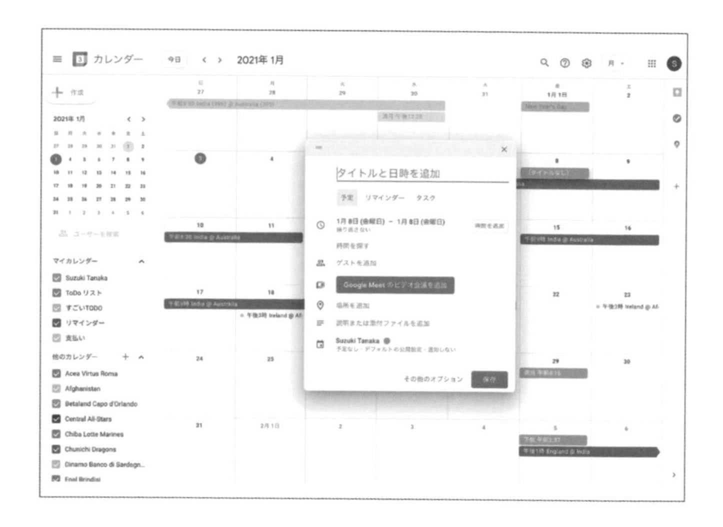

在頁面中，主要區域採用整個顯示日曆的形式。

Tweetdeck的例子

下圖是 Tweetdeck 網頁應用程式的頁面。

Tweetdeck 可自由地橫向陳列 Twitter 列表、搜尋結果。

請觀看兩個服務的截圖，思考一下哪邊該作成區塊與如何設計留白。

各位應該會馬上察覺，兩者跟前面的例子不同，無法靠堆砌固定留白的區塊來完成。

Google 日曆的左側區域可活用留白設計，但主要部分整個覆蓋了日曆內容，而 Tweetdeck 的畫面除了左側選單外，僅是不斷縱向陳列的 Twitter 列表。

以 HTML 和 CSS 製作這類使用者介面時，不需要顧慮區塊間的留白。Google 日曆的主要區域下方緊鄰一個區塊，而 Tweetdeck 的區塊可視為彼此緊貼一塊。

當陳列的區塊之間存在難以判斷歸屬的空白區域，才會碰到前面各種如何設計區塊間留白的問題。區塊之間許多時候是完全沒有空隙。

換言之，雖然前面討論得一長串，但「區塊間存在留白」僅是設計類型之一而已。在這個認知上，與設計人員決定留白的規範，是較為理想的 CSS 設計。

前面講解了諸多留白的內容，期望讀者在分工合作時，謹記並非由實作人員獨自決定。

這次講解了對區塊設定留白的實作方法，以及該怎麼決定實作方法。如同前面的舉例，編寫 HTML 後嵌入 CMS 管理系統；一一製作大量的頁面等等，實際的專案會遇到各種與 HTML 和 CSS 相關的狀況。若設計網頁時考慮這些狀況，肯定對周遭成員非常有幫助。

真要說的話，如果沒有特別約束、限制，可依自己的想法編寫程式碼，採取什麼方法都行。然而，掌握實作所需的要素，並能夠視情況調整設計，肯定是備受重視的能力。

第 16 章

在專案中應對自如

本章將會從實作以外的角度，講解編寫 HTML 和 CSS。

「HTML 和 CSS 的編寫人員，應當純粹追求 HTML 和 CSS 的實作技術才對……！」或許有些人這麼認為，但筆者覺得在實際工作中，HTML 和 CSS 的編寫人員光有技術也難以成事。

只要有技術就行了嗎？

例如，假設有人完全掌握 CSS 的工作原理，無論多麼複雜的布局都難不倒他。這樣的能力當然非常棒，團隊中有這種人更是讓人鬆一口氣，但理解透徹 CSS 的工作原理與擅長團隊合作，是截然不同的事情。

「不對，無論哪個業種都不能夠僅有技術吧。」這麼說也沒有錯，但筆者覺得，HTML 和 CSS 編寫作業更為重視「在專案中應對自如」的技能。

就個人粗略的看法而言，即便對 CSS 工作原理不甚熟悉、即便沒有使用新穎的屬性，讓具備「在專案中應對自如」能力的人編寫 HTML 和 CSS，許多專案更能夠順利推進。

具體來說，在專案中應對自如是什麼樣的能力？筆者認為是，**「設計／實作時能夠同時考慮前處理、後處理」**的能力。

為何不能夠單獨一人？

「設計／實作時能夠同時考慮前處理、後處理」，為何這件事很重要？因為 HTML 和 CSS 無法單獨完成實作。
直接討論 HTML 和 CSS 編寫前後的處理，可能會比較容易理解吧。

前置處理

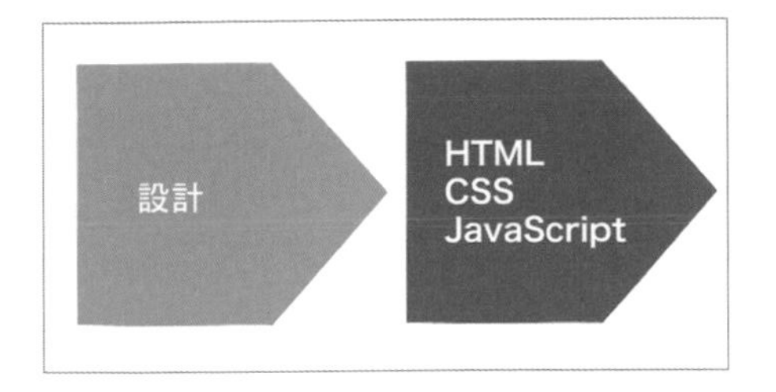

討論前處理的時候，肯定會有設計這個步驟。具有某種程度規模的專案，幾乎都是這種體制。雖然還可再進一步細分，但這邊直接統稱為「設計」。

CSS 編寫人員僅靠設計圖就能夠機械地編寫程式碼嗎？事實並非如此。面對並非自己想出來的設計圖，無法理解其中的意圖就難以完成 CSS 設計。

不對，正確來說，即便不理解意圖也能夠編寫 HTML 和 CSS。單純遵照設計圖中的像素數、色彩，如實地羅列程式碼，姑且可完成網頁。近年，聽說還有強大的設計工具，可自動由設計資料生成 HTML 和 CSS（雖然筆者沒有深入瞭解）。

專案能夠直接使用像這樣不假思索編寫的程式碼、由這類工具產生的程式碼嗎？若可如此解決的話，HTML 和 CSS 的編寫工作早就消失不見了。

然而，實際上並未發生這種情況。為什麼呢？因為如此編寫的程式碼，十之八九根本無法使用。未考慮 CSS 設計所編寫的程式碼，團隊不但難以維護，也無法重現統整的設計。在製作數百個頁面的網站，這是無法容忍的情況。

由於不是只製作一幅畫作，故需要考量各種細節。至於需要考慮什麼事情，那就是前面講解的各種內容。除了理解 HTML 和 CSS 的工作原理外，程式碼編寫人員還得留意前處理。與其說要留意，不如說工作時得抱持跟設計人員一同編寫程式碼的心態。

後續處理

前置處理是設計人員的工作，那後續的處理呢？這次來討論後處理，此時嵌入 CMS 管理系統、網頁 APP 的情況居多。若設想的流程是先製作模板，再據此製作大量的頁面，則量產頁面也可視為後處理。

想要自己編寫的 HTML 和 CSS 在後處理正常發揮作用，不假思索地編寫程式碼是行不通的。

- **CMS 管理系統會怎麼重複這邊的內容？**
- **這種 HTML 程式碼是否會對 CMS 造成過大的負擔？**
- **這邊不是應當使用 CMS 產生的固定 HTML 嗎？**
- **此區塊的劃分方式不會難以理解設計意圖嗎？**
- **不能再製作更單純的頁面嗎？**

未思考這些問題就編寫 HTML 和 CSS，反而會增加後處理的負擔，有時還會因為 HTML 不能嵌入而被退件。

例如，請回想第 10 章介紹的「SMACSS：主題規範」，將標頭部分的 HTML 當作共通程式碼。雖然未必需要此實作，但是否留心這層顧慮，將大幅改變編寫 HTML 和 CSS 的工作價值。儘管難以獲得外部的讚賞，但至少可得到團隊成員感謝的眼神。

●

如前所述，編寫 HTML 和 CSS 所需的能力是，實作時能夠一併考慮前後處理，並理解專案需要哪些東西。徒有優秀的技術能力，是無法達成這個要求。

編寫 HTML 和 CSS 時的難處

筆者認為「自己實作時一併考慮其他處理」，肯定是編寫 HTML 和 CSS 時的難處之一。尤其，若得跟設計人員一同協作，更是難上加難。

設計人員有自己的想法，實作人員也有獨到的觀點，兩者未必一致相同。然而，無論想法如何天差地遠，最終也只會完成一份程式碼，必須落實至 HTML 和 CSS 才能夠完成網頁。

這樣該怎麼辦才好呢？設計人員和實作人員得領會對方的想法。設計人員想出來的終究只是中途產物，不會印刷出來分發傳播，僅會交棒給下一步驟 HTML 和 CSS 的編寫，便結束了它的任務。

因此，設計人員不可抱持自由揮灑畫布的心態，必須理解 HTML 和 CSS 的限制、考慮有效的運用，訂定實作時沒有問題的設計規範。

然後，設計圖不過是幫助實作人員完成作業的工具。實作人員不可抱持僅是將畫作轉成 HTML 和 CSS 的心態，得留心這裡為什麼留白 30px、為何不用其他的相似色彩，甚至在此步驟扮演協助完成設計的校閱者角色。

在編寫 HTML 和 CSS 的時候，可能只有自己一人實際編寫程式碼，但卻不可獨自完成作業。理解這項道理，並願意溝通協作完成程式碼，是相當困難的事情。

因此，CSS 的編寫人員聚集討論的內容，不可僅有技術方面的細節，還得提到專案背景、跟設計人員的關聯性等等。這是非常自然的事情，因為這類程式碼以外的要素，也是 HTML 和 CSS 編寫作業中的重要一環。

Atomic Design

Brad Frost 撰述了一本名為《Atomic Design》（原子設計）的書籍，以設計系統為核心談論設計方法。

Atomic Design
https://atomicdesign.bradfrost.com/

諸多部分可當作元件粒度、使用者介面思維的參考，感興趣的讀者務必翻閱看看。該書也有討論專案的推進方法，下面稍微介紹相關內容吧。

在《Atomic Design》中，有一個標題是「Death to waterfall」。「Death to waterfall」可譯為「死於瀑布」的意思。

何謂 waterfall？

所謂的 waterfall，是指一種推進開發的方式──「瀑布式開發」。「waterfall」的意思是「瀑布」，比喻將開發劃分成多個步驟，一個步驟完成後，才推進下一個步驟的做法。

在《Atomic Design》中，使用下圖描述瀑布式開發：

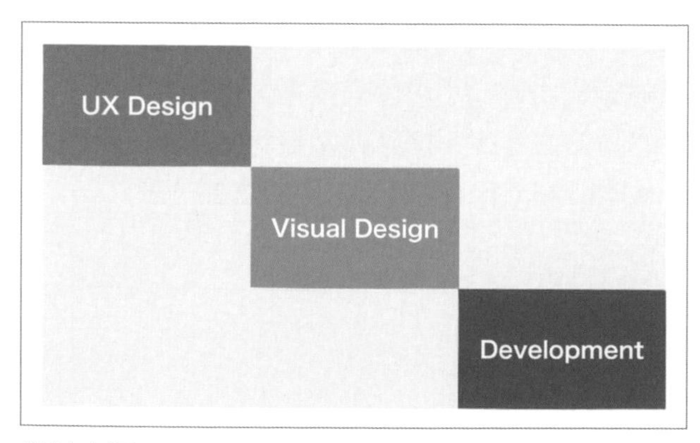

資料來源： Atomic Design Chapter4
https://atomicdesign.bradfrost.com/chapter-4/

舉例來說，生產汽車時會先製作螺絲，沒有螺絲就做不了引擎；沒有引擎就做不了汽車。因此，首先要製作螺絲。螺絲製作完成後，接著製作引擎。然後，引擎製作完成後，最後與其他零件組成汽車。

這是理所當然的事情，也似乎沒有什麼問題，但《Atomic Design》指出，這種瀑布式開發不適合用於架設網站。

這樣該怎麼辦才好？

「不是設計規劃後才編寫程式碼嗎？沒有設計怎麼編寫程式碼，自己過去一直都是這樣作業，有什麼不對勁的地方？」也許有人這麼認為。然而，《Atomic Design》指出，這種做法無法產出好東西。

細節規劃結束後，設計人員便不聞不問；設計圖完成前，實作人員也是盤腿等待，以這種形式推進專案的時代已經結束。隨著專案推進，各項工作的負責比例會如下緩慢變化。

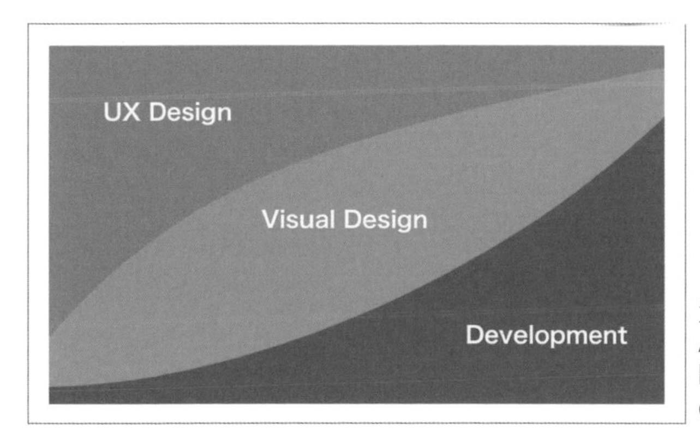

資料來源：
Atomic Design Chapter4
https://atomicdesign.bradfrost.com/chapter-4/

如今，響應式設計成為網頁的主流，一個使用者介面會依照畫面寬度等條件多樣變化。考慮如何實現這種使用者介面，肯定比適用桌上電腦的網頁設計來得困難許多。

單靠設計圖無法表現、驗證所有內容，必須進行設計作業的同時，交由實作端作出原型來驗證，這樣推進專案才有辦法完成容易使用的網站。

Atomic Desgin 的 Death to waterfall 內容，大致就是在講這件事情。

即便採用瀑布式開發

「理解了《Atomic Design》的內容，但真的有辦法這樣推進專案嗎？這到底僅是理想情況吧。自己參與的專案根本不可能採用……」應該有許多讀者內心會有這樣的想法。

尤其，自己僅負責大型專案中的一小部分。在這樣的狀態下，只能夠遵循已經訂定的做法，如此推進專案的案例不勝枚舉。

《Atomic Design》認為，想要打破這種情況的時候，我們只會使用自己做得到的方法，無論尋求的結果為何，仍舊採用自身的做法。這感覺像是以結果來肯定方法。

嗯，這麼做也是可以，即便想要在瀑布式開發中改變，各自為政是很危險的事情。例如，經常發生如下的情況：

切換分頁的使用者介面

設計如下切換分頁的使用者介面。

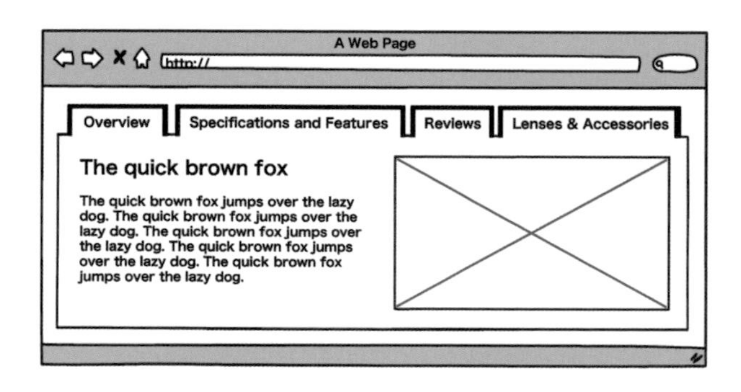

然而，完成後實裝內容，卻總是顯示兩層以上的介面。

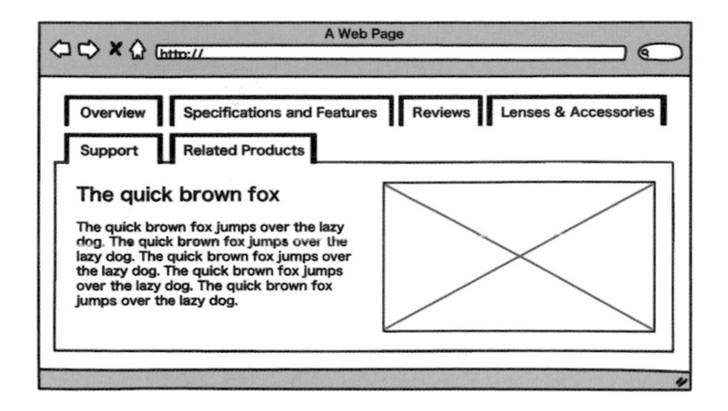

小螢幕上的顯示更是慘不忍睹。

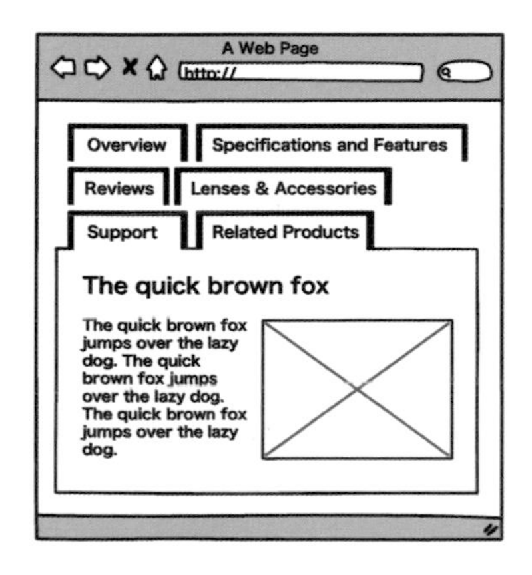

輪播功能

以輪播功能呈現商品清單，在大螢幕時沒有什麼問題。

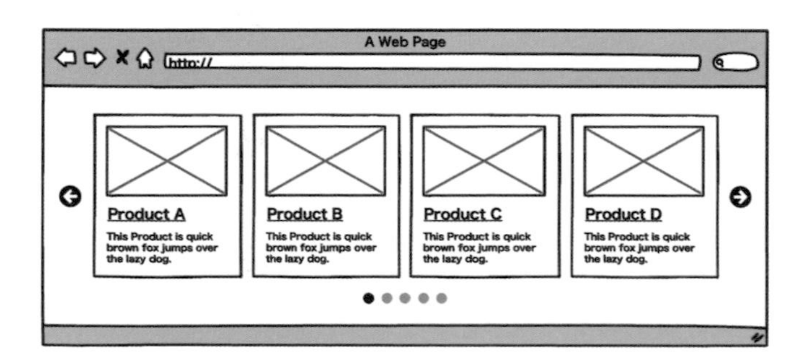

然而，在小螢幕時，底部的小圓點數量變得過多。

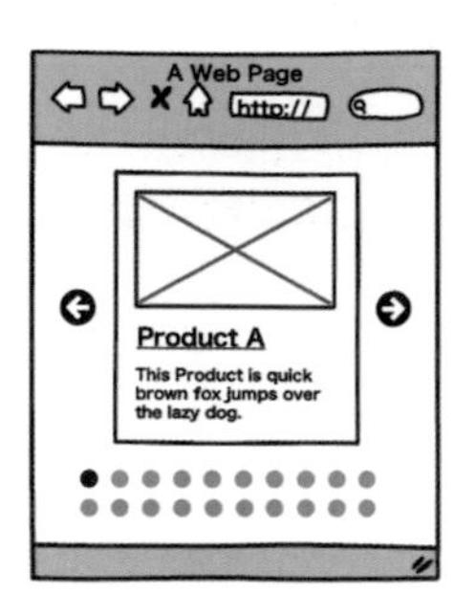

設計人員可能不曉得項目數量會像這樣變多，兩個例子皆未充分考慮小螢幕的情況。

「這是設計人員思慮不周嘛！」雖然直接指責很簡單，但到編寫 HTML 和 CSS 階段，才注意到設計出現問題並不稀奇。無視問題繼續編寫程式碼，最終只會完成難用的使用者介面。

分頁已經像這樣變成三、四層，卻還辯解「這個設計有獲得核可啊！」怎麼想都很奇怪吧。

若更加重視溝通的話，有可能早期就發現並解決問題。例如，在評鑑設計時，給予實作人員參與確認的機會；設計人員不放心某部分的使用者介面時，與實作人員討論並尋求意見；嘗試實作 HTML 和 CSS 的簡易原型。如此一來，有可能避免徒勞的實作，最終不但節省時間，甚至還能夠提高製作品質。

筆者建議，即便採用瀑布式開發，也要參考前面 p.149 的《Atomic Design》示意圖來推進專案。當愈多成員有這樣的想法，專案肯定愈能夠圓滑進行。跪坐著等待整個畫面設計圖完成的實作人員，與在設計途中從實作角度給予意見的實作人員，當然是後者能夠完成較佳的專案成果。

●

這次討論了在專案中編寫 HTML 和 CSS。

期望各位有領會，在工作上編寫 HTML 和 CSS 的時候，不光僅有作好頁面而已，還得留心自身工作以外的事物，才能夠事事順利推進。

第17章

推薦設計指引

本章將會討論設計指引（Style Guide）。

完成設計指引，可謂已結束一半的工作。

何謂設計指引？

首先，設計指引是什麼東西？設計指引涵蓋的內容廣泛，簡單說就是**有關設計、程式碼撰寫方式等的統整資料**。

企業、網頁服務都有公布自家公司的設計指引。直接看具體的例子比較容易理解，下方簡單介紹三個範例。

1. **Google HTML/CSS 設計指引**
2. **Dropbox (S)CSS 設計指引**
3. **Primer**

1. Google HTML/CSS設計指引

先介紹 Google 的 HTML 和 CSS 設計指引，裡頭統整了有關 HTML 和 CSS 的編寫規範。

Google HTML/CSS Style Guide
https://google.github.io/styleguide/htmlcssguide.html

2.2 General Formatting Rules

2.2.1 Indentation

Indent by 2 spaces at a time.

Don't use tabs or mix tabs and spaces for indentation.

```
<ul>
  <li>Fantastic
  <li>Great
</ul>
```

```
.example {
  color: blue;
}
```

2.2.2 Capitalization

Use only lowercase.

All code has to be lowercase: This applies to HTML element names, attributes, attribute values (unless `text/CDATA`), CSS selectors, properties, and property values (with the exception of strings).

```
<!-- Not recommended -->
<A HREF="/">Home</A>
```

```
<!-- Recommended -->
<img src="google.png" alt="Google">
```

```
/* Not recommended */
color: #E5E5E5;
```

該文件記述了下述規範和其理由：

- 縮排固定使用兩個空白
- HTML 和 CSS 的程式碼全部使用小寫
- 刪除行末的空白字元
- 使用無 BOM 的 UTF-8

若毫無規範直接編寫，沒有統一縮排做法的話，有些人會用 Tab 鍵、有些人會用 2 格空白、有些人會用 4 格空白。HTML 的程式碼也可能發生，有些人使用大寫、有些人使用小寫。

```
<div class="example">我喜歡使用小寫英文，/div>
<DIV CLASS="EXAMPLE">你喜歡使用大寫英文？</DIV>
```

這樣的話，同一個專案的程式碼規範會顯得雜亂無章，故才要事先整合程式碼等的撰述規範，讓大家據此編寫程式碼。

在 Google 公司內部，準備編寫某個 HTML 和 CSS 的時候，肯定會收到設計指引的網址，被嚴格交代遵循其內容來編寫。

2. Dropbox (S)CSS 設計指引

接著來看 Dropobox 的 CSS（SCSS）設計指引。

關於 SCSS 的內容，留到第 19 章「使用建置製作 CSS：Sass」再詳細解說。

> Dropbox (S)CSS Style Guide
> https://github.com/dropbox/css-style-guide

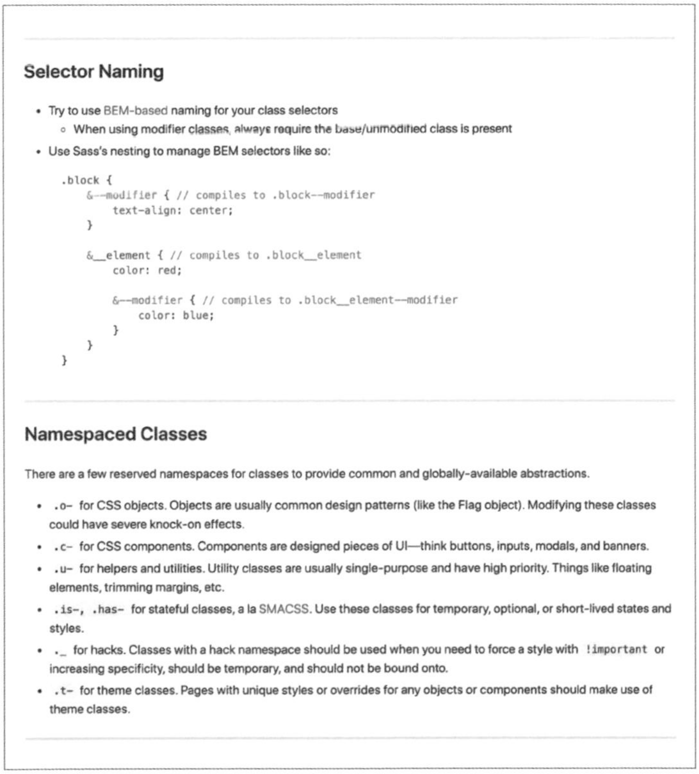

Selector Naming

- Try to use BEM-based naming for your class selectors
  - When using modifier classes, always require the base/unmodified class is present
- Use Sass's nesting to manage BEM selectors like so:

```
.block {
    &--modifier { // compiles to .block--modifier
        text-align: center;
    }

    &__element { // compiles to .block__element
        color: red;

        &--modifier { // compiles to .block__element--modifier
            color: blue;
        }
    }
}
```

Namespaced Classes

There are a few reserved namespaces for classes to provide common and globally-available abstractions.

- `.o-` for CSS objects. Objects are usually common design patterns (like the Flag object). Modifying these classes could have severe knock-on effects.
- `.c-` for CSS components. Components are designed pieces of UI—think buttons, inputs, modals, and banners.
- `.u-` for helpers and utilities. Utility classes are usually single-purpose and have high priority. Things like floating elements, trimming margins, etc.
- `.is-`, `.has-` for stateful classes, a la SMACSS. Use these classes for temporary, optional, or short-lived states and styles.
- `._` for hacks. Classes with a hack namespace should be used when you need to force a style with `!important` or increasing specificity, should be temporary, and should not be bound onto.
- `.t-` for theme classes. Pages with unique styles or overrides for any objects or components should make use of theme classes.

該文件統整了 CSS 的編寫方式，其內容如下：

- 不使用 id 選擇器。
- 不使用 `!important`。
- 使用 `padding-top` 代替 `margin-top`（彼此會抵銷）。
- 選擇器以小寫英文和連字號命名（例如：`my-class-name`）。
- 採用 BEM 形式（與簡單的補充說明）。
- 命名空間式前綴詞的規範。

當中也有提到類似本書的內容，可當作 CSS 設計的參考。

3. Primer

最後來看 GitHub 設計指引當中的 Primer。

> Primer
> https://primer.style/

GitHub 的設計指引涵蓋諸多內容，比如 JavaScript 的程式碼規範、品牌推薦的規範、Ruby 的程式碼規範、設計相關事項等等。Primer 是一部分的設計指引，裡頭也有多種多樣的內容，如下包括了 CSS 的元件集：

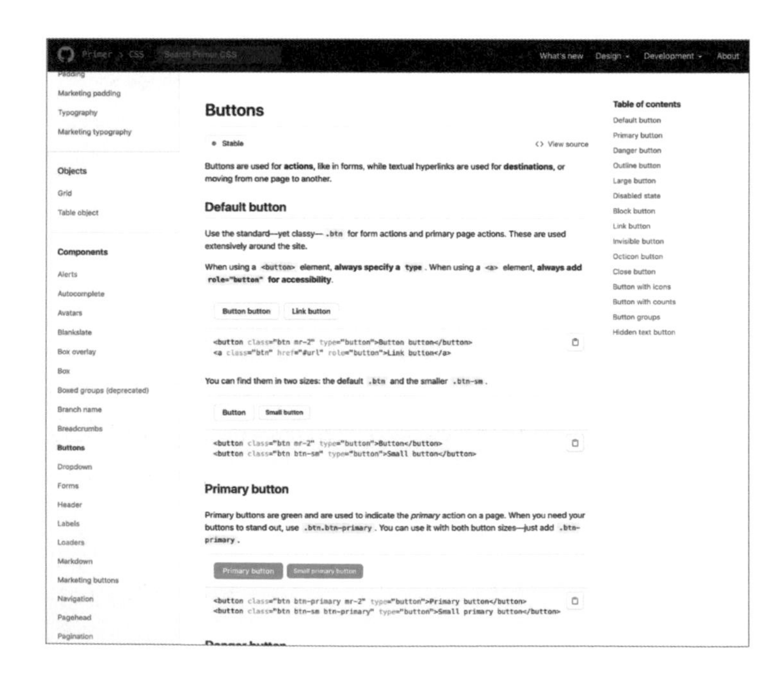

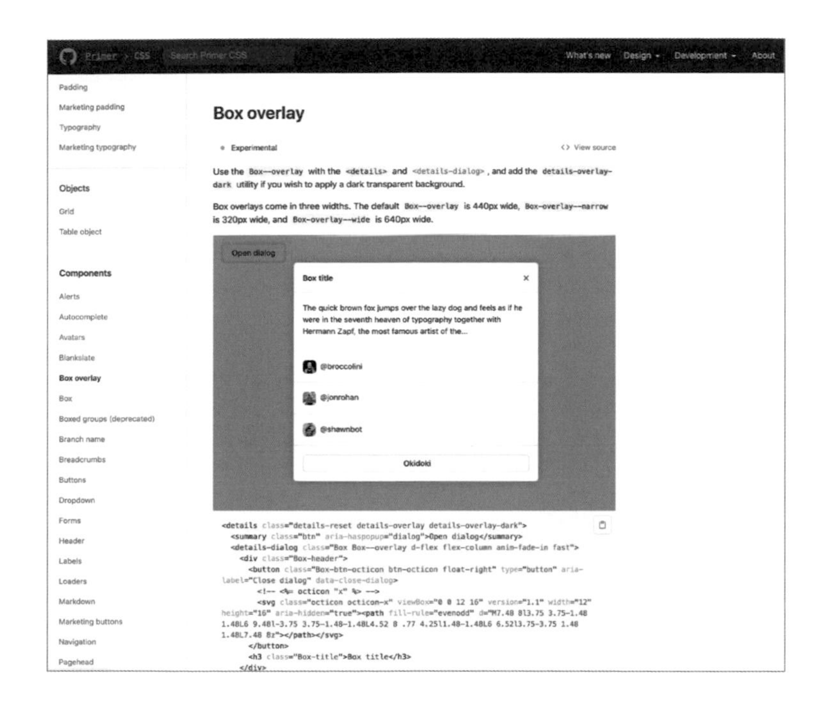

這裡統整了使用 GitHub 內建的元件外觀與其 HTML 原始碼時，相關的注意事項與變化的指定方法等。

平常在使用 GitHub 的時候，各處皆會用到 Primer 中的元件，不難想見 GitHub 的開發人員在製作頁面時，是直接複製設計指引中的程式碼。

設計指引的內容與意義

前面介紹了三個開源的設計指引。

如此統整編寫程式碼時的規範、專案自帶的元件（如 BEM 的區塊），這類準則稱為設計指引。此外，不僅限於 HTML 和 CSS 的內容，有時甚至還有 JavaScript、PHP、Ruby 等的程式碼規範；設計上的色調與禮節；郵件的寫法規範等等。

設計指引一詞沒有明確的定義，不過一般來說，內容比較偏向實作方面的稱為設計樣式，而內容涵蓋較廣範圍的稱為設計系統。

設計系統要討論的東西過於廣泛，這邊將焦點放在實作方面的內容。

設計指引在運用專案上扮演著重要角色，能夠維持專案內的程式碼品質、提升生產性。總結來說，本書推薦的內容如下：

- 程式碼的規範
- 元件的清單

一一來詳細解說吧。

程式碼的規範

首先是**程式碼的規範**。根據 Google、Dropbox 的設計指引，此規範是用來防止開發人員採取各自的寫法。這在介紹 Google 設計指引時也有稍微提到。

當被分派到全然陌生的專案，且前任者早已不在的時候，該怎麼辦才好呢？雖然也可完全不顧慮先前的程式碼繼續編寫，但這會造成程式碼缺乏一貫性，顯得雜亂無章。如同本書開頭所述，這樣會導致某處的布局走樣、愈發難以營運。

那麼，該怎麼做才好呢？觀看先前的程式碼，找出其中的規範嗎？這太過花費時間，且觀看幾個程式碼也無法驗證是什麼樣的規範。

此時，若有統整程式碼規範的話，對其他成員會非常有幫助。先閱讀該份規範再解讀程式碼，能夠判斷自己應當編寫什麼樣的程式碼。

作成文字檔案即可

程式碼規範不需要作成精美的文件，將編寫程式碼時條列的固定規範，作成文字檔案就十分夠用了。

前面介紹的 Dropbox 設計指引，就僅是 Markdown 檔案。筆者也經常製作這種文字檔案，通常都是寫成 Markdown 檔案，並於專案目錄中取為 README.md、README.txt 等名稱。

此檔案建議涵蓋下述內容：

- CSS 設計的方法（以 BEM 形式為基礎等等）
- 類別名稱的命名規則（MyBlockName 或者 my-block-name）
- 圖片、SVG 檔案的儲存位置
- JavaScript 檔案的儲存位置
- 建置方法、工具
- 檔案、目錄名稱的命名規則
- 留白設計的規範

裡頭應該包含什麼樣的內容，不妨多加參考 Google、Dropbox 的設計指引。光統整這類資訊，就可為團隊成員帶來莫大的幫助。

除了幫到團隊成員外，半年後的自己也可能心生感謝。人類是容易健忘的生物，即便當下理所當然地記得，也不要認為有辦法一直記住。往返幾個不同的專案，半年後回到先前的專案時，可能會覺得自己像是浦島太郎。

前面的舉例是 Google、Dropbox、GitHub 的設計指引，這類公司的開發人員通常都得跨國共同作業。此時，若沒有這種程式碼規範，不難想見他們會寸步難行吧。

超簡易的元件清單

然後，設計指引還要統整元件清單，如同在 GitHub 介紹的 Primer。這邊所說的元件是指 BEM 中的區塊，事先列舉區塊可帶來諸多好處。

Primer 針對每項元件附帶詳細的說明，但不統整得如此詳盡也沒關係，光是先作堆砌區塊程式碼的簡易 HTML，就能夠對開發帶來莫大的幫助。

這邊來舉極為簡易的元件清單例子。

首先，準備一個描述區塊名稱的區塊標籤。

```
<div class="debug-label">諮詢專欄:  b-contact-column</div>
```

```
.debug-label {
  background: orange;
}
```

然後，將標籤置於區塊前面。

```
<div class="debug-label">諮詢專欄:  b-contact-column</div>
<section class="b-contact-column">
  <h2 class="b-contact-column__title">諮詢聯繫</h2>
  <p class="b-contact-column__p">有關商品的諮詢請洽……</p>
  <ul class="b-contact-column__nav">
    <li><a href="#">諮詢頁面</a></li>
  </ul>
</section>
<div class="debug-label">圖片＋文字說明: b-media-column</div>
<div class="b-media-column">
  <div class="b-media-column__text">
    <p>圖片與文字說明的區塊……</p>
    <p>圖片與文字說明的區塊……</p>
    <p>圖片與文字說明的區塊……</p>
  </div>
  <div class="b-media-column__media">
    <img src="path/to/dummy/image.png" alt="" />
  </div>
</div>
<div class="debug-label">資料索取導覽: b-request-doc-nav</div>
<div class="b-request-doc-nav">
  <p class="b-request-doc-nav__text">資料索取請洽下述頁面……/p>
  <ul class="b-request-doc-nav__list">
    <li><a href="#">資料索取</a></li>
  </ul>
</div>
```

接著，在 debug-label 區塊，輸入後續編寫的區塊名稱和類別名稱。

如此一來，指引的外觀如下：

這就是元件清單。

畫面會不斷以相同的方式排列與專案相關的區塊，這樣僅觀看此頁面就可知道，該專案當中準備了哪些區塊。

若區塊的數量眾多，建議劃分不同的 HTML，比如商品資訊使用的區塊統整成 product.html；首頁使用的區塊統整成 top.html。這樣能夠迅速判斷哪個頁面使用哪些元件。

製作一點都不困難，只需要簡易統整即可。

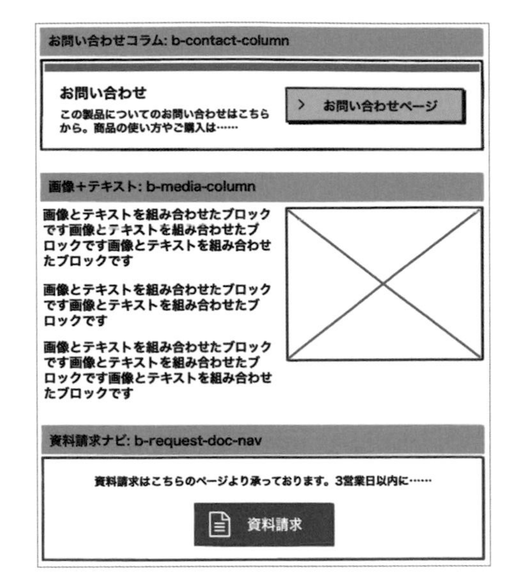

元件清單有什麼用處？

元件清單有什麼用處呢？

舉例來說，假設作完商品資訊的頁面後，接著編寫公司介紹的 HTML 和 CSS。在編寫 HTML 和 CSS 的途中，將設計圖中的使用者介面劃分區塊，一步步編寫程式碼的時候，突然發現：「哎？這個區塊在商品資訊好像有作過……？」

「好喔！那就查看商品資訊的頁面吧！」想要確認商品資訊的 HTML，但商品資訊早已組進 EC 封包。組進 EC 封包的 HTML 混合了 PHP，變成根據條件分歧處理 HTML 的狀態。

EC 封包的組裝尚處於中間階段，仍難以在本地環境運行。在這樣的狀態下，想要取出完成的 HTML 是一件苦差事。

……此時，即便僅是單純堆砌區塊也沒關係，若有製作元件清單會如何呢？只需要複製貼上就能夠解決問題。

況且，如果沒有注意到「在商品資訊好像有作過⋯⋯？」會直接編寫兩次同樣的使用者介面吧。若兩個頁面都是自己負責，有可能會注意到吧，但若是類似交接開發的情況，則難以掌握編寫了哪些區塊。僅需要一份列舉區塊 HTML 的清單，就能夠避免這類問題，非常有幫助。

以元件清單為前提的編寫流程

原來如此，元件清單相當好用。然而，這是製作區塊後再一一複製貼上嗎？內心可能產生疑問。雖然這麼處理也可以，但筆者建議的作業流程是，先在元件清單 HTML 上編寫區塊的程式碼，再將 HTML 程式碼複製至具體的頁面，最後再加入文字說明、圖片素材。

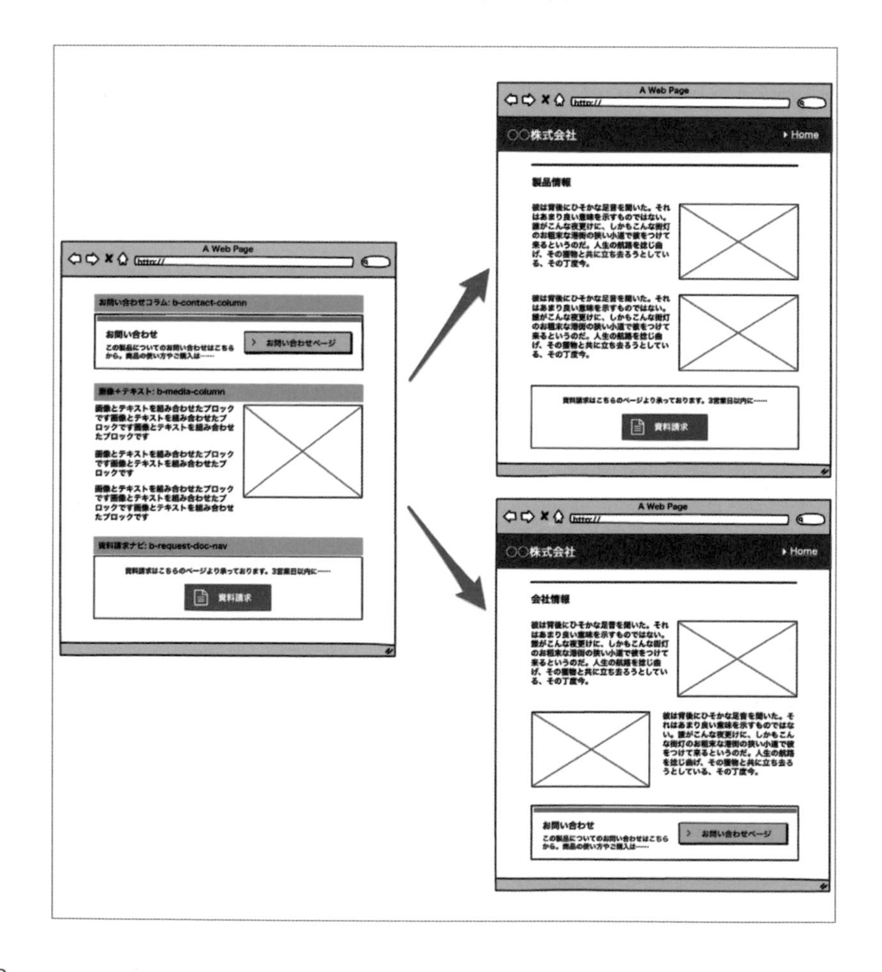

先作出雛形來提升效率

為什麼呢？其中一個理由是，以這樣的流程實作，**在編寫 CSS 時不用顧慮具體的文字說明、圖片素材**。就結果而言，可能提升實作效率。

在實際公開的頁面中，HTML 理所當然得加入相關的說明、圖片。然而，在編寫 CSS 的時候，不需要確定的說明、圖片，使用替代的內容就足夠了。編寫程式碼必須思考 HTML 的語法和 CSS 的樣式，若還得顧慮「這份原稿、圖片沒錯嗎？」「沒有錯漏字嗎？」等問題，只會自己無法專心投入。

建議先在元件清單的 HTML 製作區塊的雛形，專心處理完後再加入正式的原稿、圖片，這樣的流程作業會比較輕鬆。加入長篇的說明會如何、圖片的尺寸再放大會如何……這些驗證也是先製作雛形，再加入原稿比較容易處理。

預防元件清單遺漏更新

第二個理由是，先製作具體的頁面再更新元件清單，**可能發生元件清單未保持最新狀態**。

例如，在出勤時間即將結束之際，盤算下班前先完成區塊的 HTML 和 CSS，明天再來更新元件清單。然而，隔天突然插入緊急的工作，可能便忘記更新元件清單。

雖然這算是實作人員的個人疏失，但若在元件清單製作新的區塊，再於編寫具體的頁面時複製貼上 HTML，僅僅只是嚴守這個流程，就可將遺漏的情況降到最低。

習慣直接在具體頁面編寫 HTML 和 CSS 的人，可能會感到若干不適應，但遵照這個流程編寫程式碼，能夠自動完成元件清單，並且帶來莫大的好處。

維護元件清單

當開發作業大致完成並進入運行階段，元件清單可能就此遭到冷落閒置。進入運行階段後，便不會從頭編寫 HTML 和 CSS，直接修正運作中的程式碼比較快。

如同剛才的舉例，請想像已經將完成的 HTML 組進 EC 封包，公開後才注意到鼠標的位置發生偏移。此時，只要稍微擺弄 PHP 中的 HTML 片段，就可完成修正。實務上，經常會碰到類似的情況。

然而，即便是這樣的情況，也建議盡可能從更新元件清單開始處理。若不這樣做的話，元件清單的 HTML 會混雜修正前的問題程式碼。當元件清單沒有更新，無法判斷是否為最新的程式碼時，就完全失去意義了。

後續再來整修元件清單會相當辛苦，沒有簡易的方法判斷是否皆為最新狀態，必須一個個重新確認列舉的程式碼。直接從元件清單開始修改可將成本降到最低，之後才回頭修正有問題的元件清單，根本徒增作業成本。

若是私人網站、部落格等小規模網站，幾乎不必持續維護元件清單，但長期運行的網頁應用程式、企業網站，元件清單可是會影響運行成本的存在。

進階設計指引

程式碼規範、元件清單的統整稱為「設計指引」，世上有許多便利的開源軟體，可協助製作這類文件。

接著簡單介紹兩個例子：

- hologram
- Storybook

hologram

此軟體已經沒有繼續更新，不太推薦，但筆者喜歡也常用這個 Ruby 軟體。

hologram
https://trulia.github.io/hologram/

該工具可加載 CSS 內部註解裡頭的程式碼，自動產生元件清單。

例如，在 CSS 中撰寫了如下的註解：

```
/*doc
---
title: Badge Colors
parent: badge
name: badgeSkins
category: Components
---
Class          | Description
-------------- | -----------------
badgeStandard  | This is a basic badge
badgePrimary   | This is a badge with the trulia orange used on CTAs
badgeSecondary | This is a badge with the alternate CTA color (Trulia green)
badgeTertiary  | This is a badge for a warning or something negative
```html_example
<strong class="badgeStandard">Sold</strong>
<strong class="badgePrimary">For Sale</strong>
<strong class="badgeSecondary">For Rent</strong>
```
*/
.badgeStandard {
  background-color: #999999;
}
.badgePrimary {
  background-color: #ff5c00;
}
.badgeSecondary {
  background-color: #5eab1f;
}
```

則會自動產生如下的 HTML：

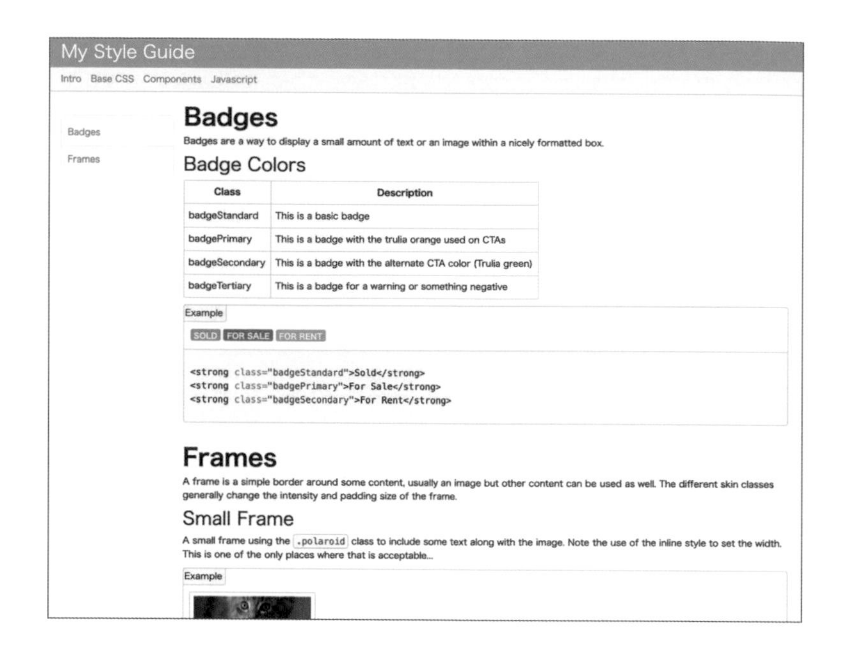

各位應該有看出，這是將註解中 Markdown 格式的文字轉換成 HTML，感覺像是僅編寫 CSS 的註解，便完成元件清單。CSS 終究得簡單補充編寫了什麼規範，只要再稍微詳細編寫註解，就能夠自動產生文件，非常有效率。

Storybook

截自 2021 年 11 月，網頁應用程式、網站的製作大多是採用 React、Vue.js 等函式庫，在這樣的開發環境下不會僅單純編寫 CSS。

Storybook 軟體可對應各種開發環境，時常能夠看到大企業使用。

> Storybook
> https://storybook.js.org/

Storybook 的功能非常豐富，且可用附加元件的形式自訂功能，比如確認各種視窗下的變化、表達元件的變化、確認可存取性、產生快照等等，在進行元件導向的開發時，有可能扮演關鍵的角色。

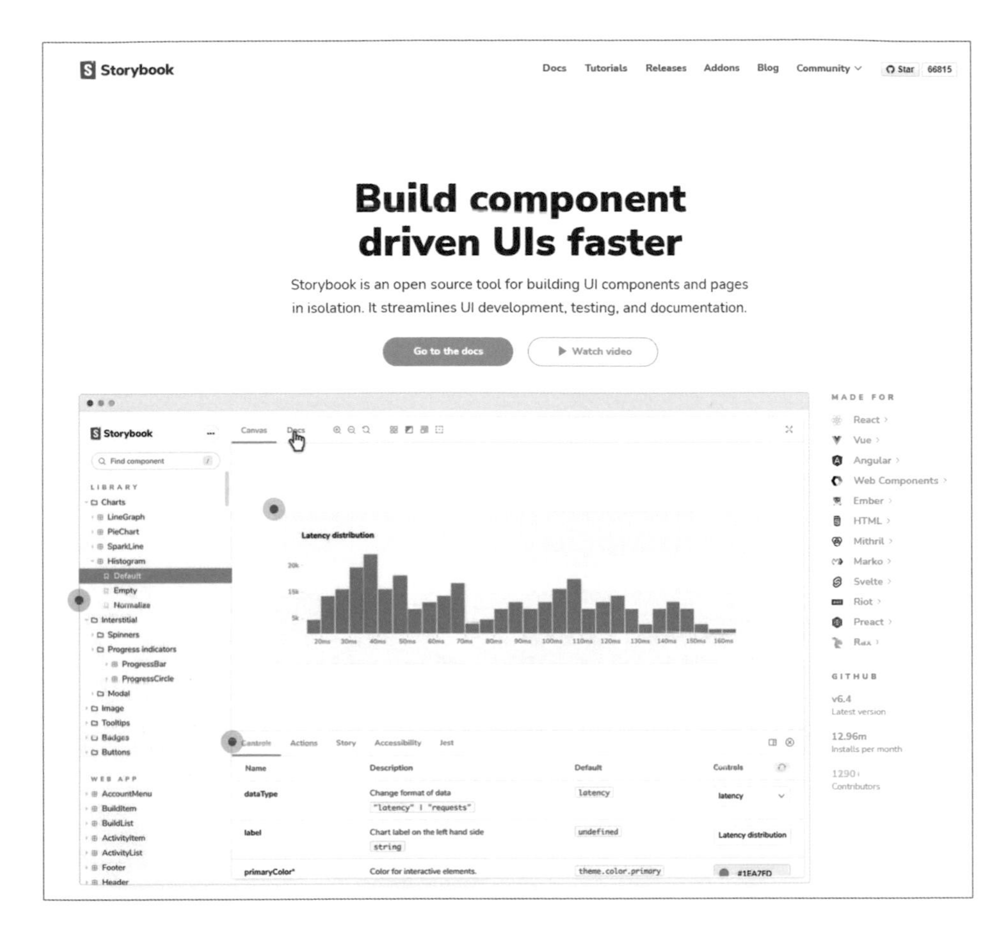

設計指引應該製作到什麼程度？

導入這類輔助產生設計指引的軟體，能夠輕鬆方便地完成設計指引。這邊介紹了 hologram、Storybook，就筆者的印象而言，製作設計指引的軟體當屬 Storybook 為第一。

雖然也想要介紹其他像 hologram 可簡單列舉 HTML 和 CSS，且又具知名度的軟體，但在執筆本書時尚未有眾所皆知的好用軟體。Storybook 的優勢或許就在於，能夠跟上開發環境多變的網頁前端開發工作。

不過，需要注意的是，使用這類軟體來整備設計指引，其所需的作業程序也相當地多。若是長期的服務、開發人員眾多的專案，或許可獲得超過設計指引製作成本的回報，但若是完成後便不太需要變更、追加功能的網站，即便努力製作設計指引，也未必可獲得符合實作成本的效果。

因此，筆者建議的方法是，直接製作堆砌元件清單的 HTML，即使內容非常簡易也沒有關係。設計指引要製作到什麼程度，請根據專案周遭的環境條件來判斷。

●

如前所述，這次講解了製作設計指引的好處。

粗略來說，事前完成下述事項可帶來諸多幫助。

- **事先統整程式碼規範**
- **事先製作元件清單**

建議事前製作設計指引，即便內容不夠正式也無妨，這對未來的自己會很有幫助。

另外，本章有稍微提到的「設計系統」，在前章介紹的書籍《Atomic Design》有詳盡解說，感興趣的讀者可自行參閱。

第18章

使用建置製作 CSS：不直接使用完成的 CSS

這次將會分成四章講解建置（build），討論建置是什麼東西、如何運用於 CSS 設計。

首先就來說明何謂建置，期望能夠讓不甚瞭解的讀者也想要親自接觸看看。

何謂建置？

雖然前面講解了諸多 CSS 的內容，但截自 2021 年 11 月，在大型專案的開發流程，瀏覽器一般不會直接加載 CSS 檔案，而是經由**建置**的步驟來完成。

當然，普通地編寫 CSS，再於 HTML 檔案中使用 `link` 要素來參照，就能夠順利加載 CSS 檔案。許多網站都是採用這種做法，製作人員過去也是如此實作。然而，如今大家都會想辦法最佳化 CSS，或者轉換成其他格式的文字檔案，加載經過處理的 CSS 檔案至瀏覽器。

為何要做這些事情呢？增進程式碼的編寫效率、方便維護管理、提升運作效能等等，理由形形色色。後面將會陸續介紹可得到什麼樣的好處，姑且先瞭解這類處理統稱為「建置」。建置已經成為開發上的必備知識，這種流程今後也幾乎不會改變吧。

因此，想要提升 HTML 和 CSS 的編寫技巧，幾乎肯定得掌握自行完成建置的技能。

「建置？這跟 CSS 設計沒有關係吧。」內心或許如此反駁，但 CSS 設計也有很大的部分仰賴建置。

這次先討論下述兩個問題：

- 建置究竟是什麼東西？
- 要怎麼完成建置？

壓縮（minify）

例如，請觀看 www.yahoo.com 網站。

使用瀏覽器功能查看 HTML 的原始碼，開啟裡頭某個 CSS 檔案後，會找到這樣的程式碼：

```
/*! normalize.css v3.0.2 | MIT License | github.com/necolas/normalize.css */html{font-
family:sans-serif;-ms-text-size-adjust:100%;-webkit-text-size-adjust:100%}
body{margin:0}article,aside,details,figcaption,figure,footer,header,hgroup,main,menu,
nav,section,summary{display:block}audio,canvas,progress,video{display:inline-
block;vertical-align:baseline}audio:not([controls]){display:none;height:0}
[hidden],template{display:none}a{background-color:transparent}
a:active,a:hover{outline:0}abbr[title]{border-bottom:1px dotted}b,strong{font-
weight:700}dfn{font-style:italic}h1{font-size:2em;margin:.67em 0}
mark{background:#ff0;color:#000}small{font-size:80%}sub,sup{font-size:75%;line-height
:0;position:relative;vertical-align:baseline}sup{top:-.5em}sub{bottom:-.25em}
img{border:0}svg:not(:root){overflow:hidden}figure{margin:1em 40px}hr{box-
sizing:content-box;height:0}pre{overflow:auto}code,kbd,pre,samp{font-
family:monospace,monospace;font-size:1em}button,input,optgroup,select,textarea{color:
inherit;font:inherit;margin:0}button{overflow:visible}button,select{text-
transform:none}button,html input[type=button],input[type=reset],input[type=submit]
{-webkit-appearance:button;cursor:pointer}button[disabled],html input[disabled]
{cursor:default}button::-moz-focus-inner,input::-moz-focus-inner{border:0;padding:0}
input{line-height:normal}input[type=checkbox],input[type=radio]{box-sizing:border-
box;padding:0}input[type=number]::-webkit-inner-spin-button,input[type=number]::-
webkit-outer-spin-button{height:auto}input[type=search]{-webkit-
appearance:textfield;box-sizing:content-box}input[type=search]::-webkit-search-
cancel-button,input[type=search]::-webkit-search-decoration{-webkit-appearance:none}
fieldset{border:1px solid silver;margin:0 2px;padding:.35em .625em .75em}
legend{border:0;padding:0}textarea{overflow:auto}optgroup{font-weight:700}
table{border-collapse:collapse;border-spacing:0}td,th{padding:0}[dir]{text-
align:start}[role=button]{box-sizing:border-box;cursor:pointer}:link{text-decoration:
none;color:#324fe1}:visited{color:#324fe1}a:hover{text-decoration:underline}
abbr[title]{border:0;cursor:help}b{font-weight:400}blockquote{margin:0;padding:0}body
{background:#fff;color:#000;font:13px/1.3 "Helvetica Neue",Helvetica,Arial,sans-
```

```
serif;height:100%;text-rendering:optimizeLegibility;font-smoothing:antialiased;-moz-
osx-font-smoothing:grayscale}button{box-sizing:border-box;font:16px "Helvetica
Neue",Helvetica,Arial,sans-serif;line-height:normal;background-
color:transparent;border-color:transparent}dd,dl,p,table{margin:0}fieldset{border:0;m
argin:0;padding:0}h1,h2,h3,h4,h5,h6{font-size:16px;margin:0}html{height:100%}i{font-
style:normal}
img{vertical-align:bottom}input{background-color:#FFF;border:1px solid #CCC;box-
sizing:border-box;font:16px "Helvetica Neue",Helvetica,Arial,sans-
serif;display:inline-block;vertical-align:middle}input[disabled]{cursor:default}input
[type=checkbox],input[type=radio]{cursor:pointer;vertical-align:middle}input[type=fil
e],input[type=image]{cursor:pointer}input:focus{outline:0;border-
color:rgba(82,168,236,.8);box-shadow:inset 0 1px 1px rgba(0,0,0,.075),0 0 8px
rgba(82,168,236,.6)}input::-webkit-input-placeholder{color:rgba(0,0,0,.4);opacity:1}
input::-moz-placeholder{color:rgba(0,0,0,.4);opacity:1}input:-ms-input-placeholder{co
lor:rgba(0,0,0,.4);opacity:1}input::placeholder{color:rgba(0,0,0,.4);opacity:1}
ol,ul{margin:0;padding-left:0;list-style-type:none}optgroup{font:16px "Helvetica
Neue",Helvetica,Arial,sans-serif}select{background-color:#FFF;border:1px solid
#CCC;font:16px "Helvetica Neue",Helvetica,Arial,sans-serif;display:inline-
block;vertical-align:middle}select[multiple],select[size]{height:auto}
textarea{background-color:#FFF;border:1px solid #CCC;box-sizing:border-box;font:16px
"Helvetica Neue",Helvetica,Arial,sans-serif;resize:vertical}
textarea:focus{outline:0;border-color:rgba(82,168,236,.8);box-shadow:inset 0 1px 1px
rgba(0,0,0,.075),0 0 8px rgba(82,168,236,.6)}.SpaceBetween{text-align:justify;line-
height:0}.SpaceBetween:after{content:"";display:inline-block;width:100%;vertical-
align:middle}.SpaceBetween>*{display:inline-block;vertical-align:middle;line-
height:1.3}.Sticky-on .Sticky{position:fixed!important}.Scrolling
#MouseoverMask{position:fixed;z-index:1000;cursor:default}
```

完全沒有空格或者換行。

究竟是怎麼一回事？開發人員編寫時沒有使用空格、換行嗎？當然沒有這回事。除了幾個必要之處外，CSS 的程式碼有無空格、換行並不影響運行，故會在發布前去除乾淨。

像這樣不更動程式碼內容來縮減容量的處理，稱為**壓縮（minify）**。該詞帶有「縮小」的語意，使用時可說成「壓縮 CSS 檔案」。

HTML、JavaScript 也可做同樣的事情，查看各種網站的原始碼會發現許多沒有空格、換行的程式碼吧。壓縮程式碼除了可減少傳送容量外，也具有迅速顯示畫面、降低基本設備成本等效果。

嘗試進行壓縮

「能夠減少容量的話，那當然要壓縮啊！」但該怎麼進行壓縮呢？

需要去除檔案內的空格、換行，編寫執行該動作的程式就行了。雖說如此，也不能夠單純置換，仍得多方考慮以防 CSS 的規範走樣。

這樣的話，經過壓縮的網站都有編寫這種程式嗎？卻又非全然如此，多數都是使用某種幫忙壓縮的開源軟體。

總而言之，想要嘗試壓縮的話，也可直接線上簡單執行。

例如，下面是名為 CSS Minifier 的網站，將 CSS 複製至左邊的欄位，按下「Minify」按鈕後，右邊就會顯示壓縮後的程式碼。

CSS Minifier
https://cssminifier.com/

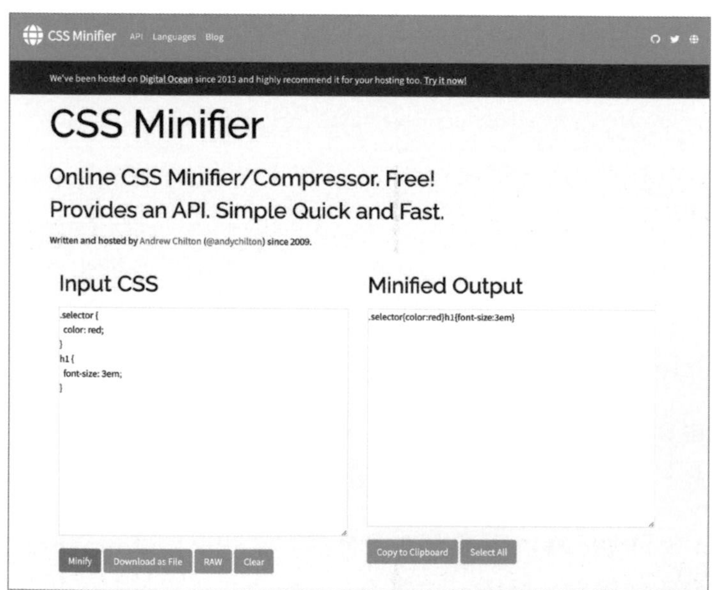

任誰都可像這樣完成壓縮。未曾做過壓縮的人不妨使用類似的網站，先實際體驗壓縮是怎麼運作的。

嘗試壓縮手邊的檔案

原來如此，可透過網站來壓縮。這樣每次更新 CSS 後，都要前往類似的網站一一壓縮程式碼？當然沒有這回事。截自 2021 年 11 月，前端開發的專案想要像這樣壓縮時，大部分是使用已登錄 **npm**（Node package manager）的套件。

下面使用 clean-css-cli 套件，解說壓縮 CSS 檔案的步驟。

在開始說明壓縮的步驟之前，為了幫助正確理解該處理，先討論 npm 是什麼並簡單解說 Node.js 吧。

Node.js

首先，說明何謂 **Node.js**。

Node.js 是指可執行 JavaScript 的程式，用於伺服器端運行 JavaScript。

> Node.js
> https://nodejs.org/

第18章

在伺服器端運行 JavaScript，能夠建立網頁伺服器、訪問資料庫等等。Node.js 大多都是像這樣用來開發伺服器端的功能，但除此之外，也常用來建立壓縮 CSS 的建置處理。

想要運行 clean-css-cli 套件得先安裝 Node.js，整頓好啟用 JavaScript 的運行環境。「啟用 JavaScript ？ Chrome、Firefox 已經有裝自家的虛擬機了喔。」也許有人這麼認為，但這樣無法完成期望的建置。

安裝 Node.js 後，不需經由瀏覽器也可啟用 JavaScript。在終端機的指令列輸入下述指令，就能夠執行 my-scripts.js 的內容。

```
node my-scripts.js
```

輸入指令後，Node.js 會處理 my-scripts.js 的內容。

瀏覽器執行的 JsvaScript，主要是用來處理畫面渲染或者發出新的要求，藉此利用瀏覽器 API（簡單說就是「功能」）的 DOM、XMLHttpRequest。

那麼 Node.js 呢？跟瀏覽器的情況有所不同。這種在指令列執行的 JavaScript，沒有對應的 HTML 檔案。雖然跟 Chrome、Firefox 等瀏覽器是完全不同的程式，無法利用瀏覽器中的 API，但取而代之可使用 Node.js 中的 API，讀取編寫檔案、建立 HTTP 伺服器、進行通訊等等。Node.js 程式可提供這類 API 與 JavaScript 的運行環境。

壓縮 CSS 的處理本身是將文字列轉成雜亂的形式，雖然瀏覽器、Node.js 都可做到，但想要讀寫本地的檔案，就需要 Node.js 提供的應用程式介面 File System 。這是瀏覽器（通常）無法做到的事情。

後續將解說的 Sass、PostCSS 等都是在 Node.js 上運行，必須安裝 Node.js 才可利用這些便利的套件。由於這樣的背景，Node.js 如今已是前端開發不可欠缺的要素。

在 Node.js 普及之前，多是使用 Ruby、Python 等其他語言完成建置處理，但最近這類任務都交由 Node.js 負責。

採用 Node.js 最大的理由或許是，可使用與前端開發親和性高的 JavaScript 完成建置處理。

雖然前面講解得一長串，但想要壓縮就需要 Node.js。因此，無論如何請先安裝 Node.js。

npm

接著講解 npm。npm 是指，Node.js 套件的管理工具與程式名稱。

npm
https://www.npmjs.com/

如前所述，除了編寫本地檔案、建立伺服器外，Node.js 還可實踐諸多功能。然而，Node.js 不可能塞進所有功能，若真如此的話，該程式肯定變得無限巨大。筆者並未深入瞭解 Node.js，無法斷言應當怎麼安排功能，但只要有 Node.js 的核心功能，其餘皆有辦法自行實踐。

例如，Node.js 有提供讀寫檔案的功能，想要製作 PDF 檔案、解壓縮 zip 檔案的話，可使用 Node.js 的核心功能編寫製作 PDF、解壓縮 zip 的邏輯。

此時，輪到 npm 登場。開發人員想要解壓縮 zip 檔案，並編寫了相應功能的程式碼。npm 是任誰都可上傳這類套件的管理工具，可自由下載當中的公用套件，再依照憑證活用於自身的專案。順便一提，根據 npm 官方的部落格，2019 年 7 月時 npm 已經有超過 130 萬個套件。這個數字著實驚人。

前面準備實現的壓縮處理，其流程包含讀取檔案、處理裡頭的文字列、輸出文本，而 npm 上的 clean-css-cli 就是統整這一連串處理的套件。上傳至 npm 的套件皆有如下描述其內容的頁面。

npm: clean-css-cli
https://www.npmjs.com/package/clean-css-cli

近來，npm 已為前端的開發帶來巨大的幫助。使用這些已上傳至 npm 的套件，開發人員能夠完成專案所需的建置處理。

然後，雖然可能令人覺得混亂，但還有一點是運用時需要輸入 npm 指令。Node.js 安裝完成後，同時也會安裝 npm 指令。透過 npm 指令安裝 clean-css-cli，才有辦法在本地進行壓縮。

……因此，總結來說，在現代的開發上，建置處理是編寫程式碼時無法避免的工作。想要往開發方向發展的讀者，至少得大致理解這部分的工作原理。

啟用 clean-css-cli

那麼，終於要來啟用 clean-css-cli 了。做法相當簡單，在已安裝 Node.js 的狀態輸入下述指令。

```
npm install clean-css-cli --global
```

如此一來，本地環境會安裝 clean-css-cli，完成以 clean-css-cli 壓縮 CSS 的準備。

在適當的目錄路徑製作 style.css，裡頭輸入下述內容：

```
.selector {
  color: red;
}
h1 {
  font-size: 3em;
}
```

安裝 clean-css-cli 後，可於指令列使用 `cleancss` 指令。移動至 style.css 的儲存路徑，如下指定輸出入的檔案……

```
cleancss --output styles.min.css styles.css
```

就完成製作 style.min.css。檔案裡頭的內容如下：

```
.selector{color:red}h1{font-size:3em}
```

像這樣使用 npm 的 clean-css-cli 套件，一個指令就便可輕鬆壓縮手邊的 CSS。

各種建置處理

除了壓縮 CSS 的 clean-css-cli 外，還有諸多壓縮 HTML、JavaScript 的套件，這些都能夠隨意組合來使用。不僅只減少程式碼的容量，壓縮也可最佳化 SVG、圖片，縮小檔案容量或者製作 zip 檔案。

imagemin

例如，imagemin 套件可刪除圖片檔案中無用的數據，幫助縮小檔案容量。

npm: imagemin
https://www.npmjs.com/package/imagemin

下圖是使用 imagemin 的 PNG 檔案清單，使用前（左側）每個檔案容量將近 1MB，而使用後（右側）皆為 100kb 左右，變成約 1/10 的大小。

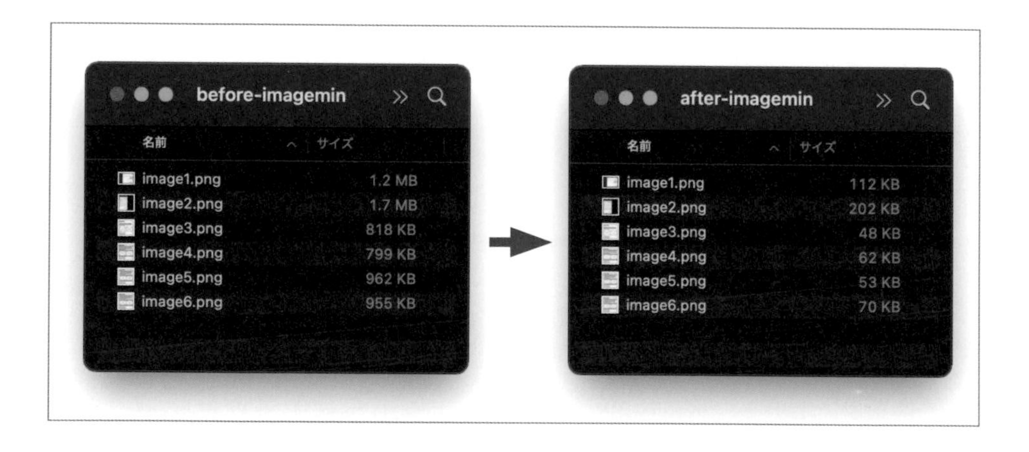

由此可知，檔案大小可戲劇性地減少。

imagemin 可去除圖片檔案中無用的部分、降低畫質，來最佳化容量大小。

如前所述，npm 擁有諸多有助於建置處理的套件。

npm scripts

利用 npm 套件可進行多種多樣的處理，但若想要做的事情有 10 個呢？必須輸入 10 次指令嗎？當然沒有這回事。想要統整執行複數處理時，多會利用 npm 內建的 npm scripts、gulp 等套件。

npm scripts 存於 package.json 檔案內，藉由 npm 指令執行寫於 scripts 命令名（key）的處理。例如，將下述內容寫進 package.json：

```
{
  "name": "minify-example",
  "scripts": {
    "minify": "npm run minify-css && npm run notify-done",
    "minify-css": "cleancss --output styles.min.css styles.css",
    "notify-done": "echo done!"
  }
}
```

在該目錄位置執行 `npm run minify` 指令，除了啟用前面介紹的 `clean-css-cil` 處理外，最後還會輸出 `done!`。以 cleancss 壓縮再輸出 `done!`，依序定義兩項處理並執行。

執行結果如下：

```
npm run minify
> minify
> npm run minify-css && npm run notify-done
> minify-css
> cleancss --output styles.min.css styles.css
> notify-done
> echo done!
done!
```

同時也會作成壓縮後的 CSS 檔案 style.min.css。

雖然本書不會詳盡解說 npm scripts，但藉此可用一個指令完成壓縮 HTML、CSS 和 JavaScript，並且最佳化 SVG 和圖片。

gulp

除了 npm scripts 外，還有諸多可用的方法。在前端開發中，常會利用可輕鬆完成多樣處理的 gulp 套件。

gulp
https://gulpjs.com/

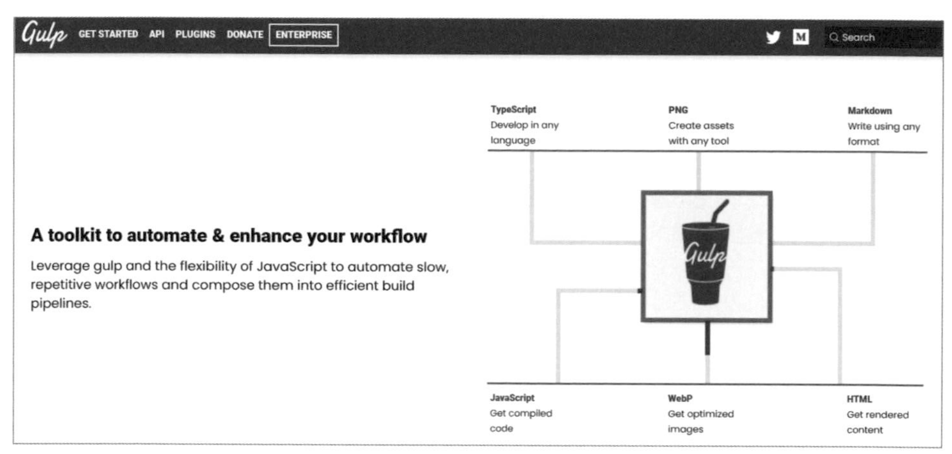

在 npm scripts 的說明中，介紹了單純組合兩項處理的例子，但隨著想要做的事情增加，npm scripts 編寫起來會愈發辛苦。

建置處理包含分別壓縮 HTML、CSS 和 JavaScript；將壓縮後的檔案合成一個；製作 zip 檔案；移動圖片等等，想要做的事情不斷增多，需要並行執行或者依序執行這類處理。雖然僅靠 npm scripts 也能夠完成，但還有更輕鬆的方法，gulp 套件能夠實現這樣的任性。

使用 gulp 後，可用追加插件（plug-in）的形式執行多樣處理。本書不會進一步解說，不過若想要嘗試前面的舉例，使用 gulp 是比較輕鬆的辦法，感興趣的讀者務必嘗試看看。

這次粗略講解了建置處理是怎麼一回事，期望各位瞭解近來瀏覽器都是加載像這樣經過某些處理後的檔案。

「我不擅長安裝軟體、使用指令列……」有些人可能感到棘手，但各位必須知道，欲在現代的開發領域提升 HTML 和 CSS 的專業性，自行完成建置處理儼然是必備的技能。

想要利用下一章解說的 Sass、PostCSS，也得準備建置處理才行，建議不要感到害怕勇於嘗試挑戰。

第19章

使用建置製作 CSS：Sass

本章將會介紹 Sass。

在深入編寫 CSS 的時候，肯定會選用 Sass、PostCSS 等更加靈活編寫 CSS 的工具。為了方便學習理解，建議先瞭解 Sass 能夠做到哪些事情。

何謂 Sass？

首先，**Sass** 是什麼？Sass 是 CSS 的擴充套件語言，全稱為 Syntactically awesome style sheets，可直譯為「語法令人驚艷的樣式表」。

前章解説建置時有提到：

「想辦法最佳化 CSS，或者轉換成其他格式的文字檔案，加載經過處理的 CSS 檔案至瀏覽器。」

在非 CSS 的其他格式中，當屬 Sass 最為有名。Sass 具備諸多強力輔助 CSS 設計的功能，能夠解決編寫 CSS 時遭遇的各種問題。

Sass 擁有許多 CSS 沒有的語法，編寫後程式碼可由其他程式轉成 CSS。雖然最終想要的是 CSS 檔案，但通常會使用更有效率的 Sass 編寫，再將程式碼轉成 CSS 格式。這類進行前置處理的程式稱為「**預處理器（preprocessor）**」，而用來轉換 Sass 的程式稱為「**CSS 預處理器**」。

為了幫助讀者瞭解 Sass，下面舉例幾個 Sass 語法轉換前後的程式碼來解説。

即便不用特別安裝軟體，透過 SassMeister 的網站，就可於瀏覽器上確認 Sass 的轉換結果。

SassMeister
https://www.sassmeister.com/

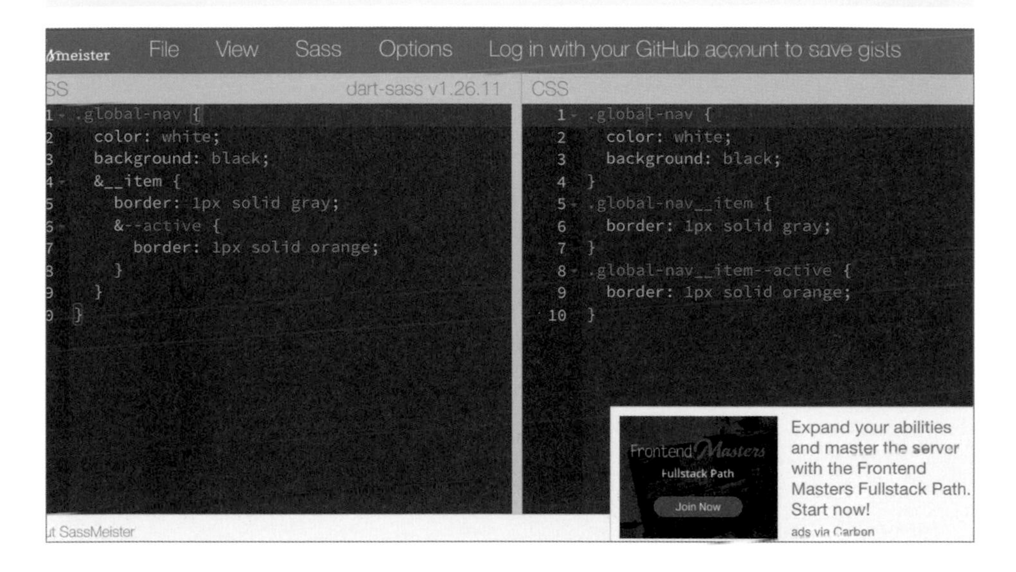

在頁面上編寫 Sass 的程式碼，能夠立即確認轉換後的 CSS，請各位實際操作來體會轉換的過程。

內嵌選擇器

那麼，來討論 Sass 的語法吧。

首先，Sass 可將選擇器寫成嵌套。
什麼意思呢？ Sass 允許如下編寫程式碼：

```
section {
  > h2 {
    font-size: 2em;
    padding: 0 0 20px;
  }
  p {
    padding: 0 0 30px;
  }
  ul {
```

第19章

```
      padding: 0 0 20px;
      > li {
        padding: 0 0 10px;
      }
    }
    /* parent selector 的例子 */
    .pageType-top & {
      border: 1px solid black;
    }
  }
```

此 Sass 程式碼會轉成下述 CSS：

```
section > h2 {
  font-size: 2em;
  padding: 0 0 20px;
}
section p {
  padding: 0 0 30px;
}
section ul {
  padding: 0 0 20px;
}
section ul > li {
  padding: 0 0 10px;
}
.pageType-top section {
  border: 1px solid black;
}
```

實務常會像這樣接續編寫子代選擇器、孫代選擇器等，使用 Sass 時只需要如上在 {} 中塞進規範，就可自動根據父代的結構來產生選擇器。

然後，在 Sass 當中，選擇器裡頭的 **&（Parent Selector）**意味參照父代選擇器。利用此語法，上述範例程式碼最後的 `.pageType-top &` 的選擇器會替換成 `.pageType-top section`，亦即 & 的部分替換成父代選擇器。在 SMACSS 主題規範介紹的寫法，也可藉由該語法寫進嵌套內部。

使用 CSS 編寫類似舉例的程式碼時，往往會覺得「要寫好幾次 section 真麻煩⋯⋯」吧。將選擇器寫成嵌套，就不必寫好幾次 section，也可預防單字誤植、複製錯誤。

進階 &（Parent Selector）

剛才介紹的 & 可用於**選擇器中間**，當作**類別名稱的一部分**。換言之，可編寫如下的程式碼：

```
.global-nav {
  color: white;
  background: black;
  &__item {
    border: 1px solid gray;
    &--active {
      border: 1px solid orange;
    }
  }
}
```

此 Sass 程式碼會轉成下述 CSS：

```
.global-nav {
  color: white;
  background: black;
}
.global-nav__item {
  border: 1px solid gray;
}
.global-nav__item--active {
  border: 1px solid orange;
}
```

這不是 BEM 形式的寫法嗎？利用 & 就幾乎不用顧慮，BEM 便利卻過於冗長的類別名稱。

在 BEM 廣為普及後，Sass 才出現 & 的語法，說不定是 BEM 的存在影響了 Sass 的開發。

以 BEM 編寫的時候，利用 Parent Selector 可大幅簡化程式碼。

變數

接著講解變數的語法。Sass 可於前面加上表示變數的 $。

如下編寫 Sass 的程式碼：

```
// 共通的顏色定義
$color-text-base: black;
$color-text-note: gray;
$color-text-error: red;

// 共通的留白定義
$spacing-s: 20px;
$spacing-m: 30px;
$spacing-l: 40px;

.contact-column {
  color: $color-text-base;
  padding-bottom: $spacing-l;
}
.note-list {
  color: $color-text-note;
  padding-bottom: $spacing-s;
}
.alert-error {
  color: $color-text-error;
  padding-bottom: $spacing-m;
}
```

這會轉成下述 CSS：

```
.contact-column {
  color: black;
  padding-bottom: 40px;
}
.note-list {
  color: gray;
  padding-bottom: 20px;
}
.alert-error {
  color: red;
  padding-bottom: 30px;
}
```

比較轉換前後的程式碼可知，前綴 $ 的文字列分別替換成具體的數值。

程式碼開頭的 `$color-text-base`、`$spacing-m` 等，使用 `$` 宣告是變數。前綴 `$` 的文字列是變數名稱，而 `:` 後面的內容是裝進該變數的值。

```
$color-text-base: black;
```

這樣編寫後，black 便會裝進 $color-text-base。然後，再如下將變數名稱指定成屬性的值：

```
.contact-column {
  color: $color-text-base;
}
```

轉換後，CSS 便會指定變數裡頭的 `black`。

Sass 可像這樣使用變數。若有接觸其他的程式語言，這項功能與其說令人驚豔:「就是想要這個……！」不如說教人訝異:「CSS 做不到這件事？」

雖然最近的瀏覽器已可用 CSS Variables 實現相同功能，似乎愈來愈少用到 Sass 的變數，但後者仍舊具有可搭配其他 Sass 功能等諸多優點。

mixin

接著介紹 `mixin` 的語法，**`mixin`** 可將統整的樣式宣告集反映至複數的規範。先以 `@mixin` 定義 `mixin`，再以 `@includ` 呼叫 `mixin`。
Sass 的程式碼如下：

```
// 字體的預設

// S大小
@mixin text-style-s() {
  font-size: 12px;
  line-height: 1.6;
}
// M大小
@mixin text-style-m() {
  font-size: 16px;
  line-height: 1.7;
}
```

第19章

```
// L 大小
@mixin text-style-l() {
  font-size: 20px;
  line-height: 1.6;
}
.notes {
  @include text-style-s;
}
.paragraph {
  @include text-style-m;
}
.heading {
  @include text-style-l;
}
```

轉成如下的 CSS：

```
.notes {
  font-size: 12px;
  line-height: 1.6;
}
.paragraph {
  font-size: 16px;
  line-height: 1.7;
}
.heading {
  font-size: 20px;
  line-height: 1.6;
}
```

這邊準備的三個 `mixin` 皆有 `font-size` 和 `line-height`，設想網站內使用的內文變化。

在 `@include` 後面接續 mixin 名稱，一段文字便可換成各個 mixin 定義的樣式集。在編寫 CSS 的時候，需要複製貼上好幾次相同的樣式單元，但改用 mixin 統整就變得相當便利。

`font-size` 和 `line-height` 的組合本來就可用於諸多地方。若調查清楚整個網站所需的文字樣式，再將其定義成 mixin 來編寫 CSS 的話，能夠避免一味增加文字大小的類型。

轉換 Sass 的程式碼

Sass 還有其他諸多功能，下方介紹幾個基本的功能。

如前所述，Sass 的程式碼需要相應的程式才可轉成 CSS，但具體來説要什麼樣的程式呢？答案當然不是前面的 SassMeister，一一在網站編寫 Sass 的程式碼來轉成 CSS。

想要在團隊開發上使用 Sass，最佳做法是在前面的建置程序中，加入將 Sass 程式碼轉成 CSS 的處理。截自 2021 年 10 月，Sass 官網介紹的方法是使用 npm 套件的 sass。

npm: sass
https://www.npmjs.com/package/sass

使用 sass 套件轉換 Sass 的程式碼並不困難，跟前面在建置使用 clean-css-cli 的步驟大致相同。

首先，以下述指令安裝 sass 套件：

```
npm install sass --global
```

安裝完成後，在適當的目錄位置建立 styles.scss 檔案，輸入下述內容：

```
section {
  h1 {
    font-size: 20px;
  }
}
```

如前所述，這是嵌套選擇器的 Sass 程式碼。Sass 程式碼的副檔名為 .scss，有時又稱為「**SCSS 檔案**」。
在此目錄位置執行下述指令，便可將 styles.scss 的內容轉成 CSS，並將得到的結果輸出成 styles.css。

```
sass styles.scss styles.css
```

這樣就完成含有下述內容的 CSS 檔案——styles.css。

```
section h1 {
  font-size: 20px;
}

/*# sourceMappingURL=styles.css.map */
```

將此轉換處理加入前面介紹的建置步驟中，完成使用 Sass 開發的準備。

專欄

專欄 SCSS syntax 還是 Sass syntax ？

前面舉例的 Sass 程式碼，都是採用 **SCSS syntax（SCSS 語法）** 來編寫。實務上，Sass 還有另外一種 **Sass syntax（Sass 語法）**。本章開頭的舉例若改成 Sass syntax 編寫，則程式碼如下：

```
section
  > h2
    font-size: 2em
    padding: 0 0 20px
  p
    padding: 0 0 30px
  ul
    padding: 0 0 20px
    > li
      padding: 0 0 10px
  .pageType-top
    border: 1px solid black
```

Sass syntax 不使用 {}，而是加入 1 個縮排。

兩種語法都可以使用，不過感覺上採用 SCSS syntax 佔絕大多數。雖然以縮排代替 {} 相當方便，但筆者在工作上未遇過採用 Sass syntax 的專案。換言之，Sass syntax 並非主流的語法。

使用應用程式來建置

「可是，完成建置處理的難度有點高～」應該也有人這麼認為吧。開發不是主要業務，例如以設計為業務中心的人，甚至沒有接觸過指令列吧。

其實，即便是這樣的人，也有辦法不使用指令列投入 Sass 開發。這是怎麼一回事？除了 npm 的 sass 套件外，還有幫忙將 Sass 轉成 CSS 的獨立應用程式。

比如，Koala 就是其中一個應用程式。

Koala
http://koala-app.com/

這個應用程式的用法非常單純，啟動後選擇目錄位置，選取顯示的 Sass 檔案並按下「Compile」按鈕，每當檔案有所更新就會進行 Sass 的轉換。

筆者平時是使用 Mac 進行開發，僅確認過 Mac 版的運作情況，不過官方也有準備 Windows 版、Linux 版。即便不安裝 Node.js，使用轉換 Sass 程式碼的應用程式，也不失為一種方法。

然而，在進行團隊開發的時候，筆者不建議使用此方法。一旦仰賴這類應用程式，不僅難以共有建置環境，成員間的程式版本差異也會造成輸出的程式碼不同。

雖然本書沒有深入解說，但 npm 有準備統一套件版本的方法，團隊間容易共有建置環境。

再說，除了 Sass 的轉換外，還有壓縮、移動檔案等諸多處理。團隊開發的時候，建議還是自行完成建置處理比較好。

有助於 CSS 設計的 Sass

Sass 雖存在某些限制，卻是可對 CSS 帶來巨大幫助的工具。

首先，選擇器的嵌套不受限於 CSS 設計，不難想見可大幅精簡程式碼吧。`&`（`Parent Selector`）也有助於 BEM 形式的編寫。

變數、`mixin` 在 CSS 設計方面有明顯影響，已經介紹的 `mixin` 例子，可直接挪用為字體設計的內容。前面舉例的變數用法，這邊再從 CSS 設計的角度稍作補充。

將變數當作調色盤

直接編寫 CSS 的時候，當然各處都得編寫顏色名稱、程式碼。這樣的話，明明同樣是黑色，可能會出現 `#000000`、`#020202`、`#040404` 等微妙的差異。

```
.block1 {
  color: #000000;
}
.block2 {
  color: #020202;
}
.block3 {
  color: #040404;
}
```

遵照設計圖一一編寫程式碼，時常會發生類似的情況。

因此，得在某處統一定義變數集，充當整個網站使用的調色盤。

```
$color-text-base: #000000; // 基本的文字顏色
$color-text-note: #666666; // 註解用的文字顏色
$color-text-error: #ff0000; // 警告用的文字顏色
```

具體來説，在編寫區塊的 HTML 和 CSS 時，從調色盤中選擇顏色來使用。如此設計 CSS，能夠避免無謂地增加顏色的變化。

像這樣編寫程式碼時，若發現設計圖出現 #000000 和 #010101 等差異微妙的顏色，表示設計方面出現問題，應該洽詢設計人員：「這個 #010101 的黑色應該是 #000000 吧？」

最佳情況是在製作設計圖的階段就完成色彩規劃，不過仍建議程式碼編寫人員作業時，抱持在編寫 HTML 和 CSS 的步驟中完成色彩規劃的心態。

將留白類型定義為變數

請回想第 13 章「設計區塊間的留白：前篇」的內容，當時提到統一整個網站的留白類型。在進行這樣的設計時，Sass 的變數機制可帶來幫助，甚至儼然成為必備之物。

下述程式碼：

```
.contact-block {
  padding-bottom: 20px; /* S大小的留白  */
}
.related-contents-nav {
  padding-bottom: 30px; /* M大小的留白 */
}
```

可改成如下的內容：

```
.contact-block {
  padding-bottom: $spacing-s;
}
.related-contents-nav {
  padding-bottom: $spacing-m;
}
```

相較於編寫 20px、30px，後者的程式碼更能清楚表達意圖。跟調色盤的做法一樣，如下定義整個網站使用的留白類型，再從中選擇來使用。

```
$spacing-xs: 10px;
$spacing-s: 20px;
$spacing-m: 30px;
$spacing-l: 40px;
$spacing-xl: 50px;
```

使用這樣的變數編寫 CSS，自然能夠完成留白整齊的使用者介面。跟色彩設計的情況一樣，當留白的類型過多時，建議與設計人員多加討論。「這邊應該統整相同的樣式比較好吧？」等等，最好能夠像這樣交換意見。

與 Sass 的交流方式

那麼，專案應該導入 Sass 嗎？「不用直接編寫 CSS 真神奇，但大家都在用嗎？應該使用嗎？使用後沒有問題嗎？」有些人會感到不安吧。

雖然看法見仁見智，但對於學習、導入 Sass 的問題，筆者認為根本不必感到猶豫，Sass 已經廣泛應用於各處。

CoffeeScript

其實，還有諸多程式語言如同 Sass，為了彌補既存技術的缺點而創造出來。

例如，CoffeeScript 跟 Sass 相似，是以轉成 JavaScript 為前提的程式語言。

CoffeeScript
https://coffeescript.org/

CoffeeScript 如同 Sass syntax 以縮排代替 `{}`，其他還有許多 JavaScript 缺少的功能，比如可將 `function` 寫成 `=>`；可使用 class 語法等等。CoffeeScript 曾經相當有名，大企業採用的消息也時有耳聞，但如今幾乎已經沒有案例採用。

為何如此呢？ CoffeeScript 中的諸多功能，後來 JavaScript（正確來説是 EcmaScript）都有追加，並不斷檢討加以改良。隨著瀏覽器的進化、其他工具的問世，開發環境變成可採用新的機制編寫 JavaScript，如今幾乎已經沒有刻意使用 CoffeeScript 的理由了。

如同 CoffeeScript，即便確定採用的當下是最佳技術，也會隨著時間推移逐漸式微，這在技術日新月異的業界經常發生。若是長期營運的網站、網頁應用程式，「當時不該選擇 CoffeeScript……」日後可能感到五味雜陳。

應該使用Sass嗎？

那麼，Sass 的命運又如何呢？「最後不會跟 CoffeeScript 一樣嗎？」內心可能感到不安。雖然無法否定這個可能性，但 Sass 最初發行於 2007 年，截自執筆本書的 2021 年，已經過了 14 個年頭，在變化快速的網頁開發業界中，可謂相當長壽的軟體。

除了 Sass 之外，本書也陸續介紹其他的 CSS 編寫方式。不過，在補救 CSS 抱有的問題上，Sass 已經獲得相當的知名度。儘管不曉得未來如何發展，但縱使人們不再使用 Sass，到時很有可能只是換成其他內建同樣功能的工具。

因此，對想要深造 CSS 編寫技術的人來說，筆者認為掌握 Sass 本身是正確的學習步驟。雖然無法保證今後使用 Sass 也沒問題，但它可算是不錯的成熟技術。正因為如此，實務上也經常使用 Sass。

●

這次介紹了 Sass 的內容。

就管理專案的立場來說，由於許多案例都是採用 Sass，筆者認為 HTML 和 CSS 的編寫人員最好具備這項技能……不對，這大概已經成為必備技能了。

第20章

使用建置製作 CSS：Autoprefixer

本章將會介紹 Autoprefixer。

Autoprefixer
https://github.com/postcss/autoprefixer

雖然 Autoprefixer 跟 CSS 設計不太相關，但若不曉得其存在的話，會對瀏覽器相容不佳的屬性感到苦惱，故本書將其歸類於建置的解說內容。

本章介紹的內容堪稱必備知識，各位可視情況決定是否導入開發當中。此外，這些知識也有助於理解下一章介紹的 PostCSS。

Can I use

為了理解 Autoprefixer，先來介紹幾個必備的背景知識。第一個是名為 Can I use 的網站。

Can I use
https://caniuse.com/

該網站統整了各個瀏覽器支援哪些功能。想要知道「CSS Grid Layout」CSS 布局工具的支援情況，查看 Can I use 網站是最快的做法。

開啟 Can I use 網站，在空白欄輸入「css grid layout」，就會跑出如下的畫面。

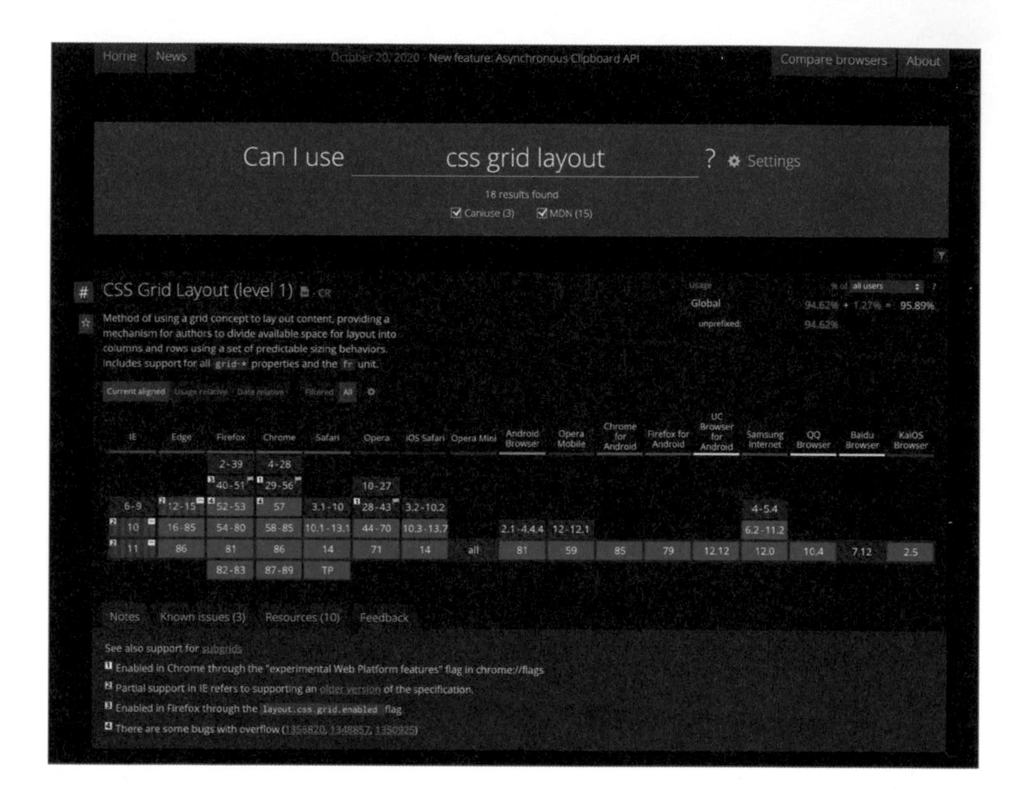

此畫面顯示了該屬性的支援情況，橫軸為瀏覽器的種類、縱軸為版本；綠色表示已經支援、紅色表示尚未支援、黃色表示有待修正。若瀏覽器本身存在問題，則會顯示為黃色。

畫面中的 IE 10 和 IE 11 欄位呈現黃色，由底下的註解可知「採用舊版本規格實作，僅支援部分功能」。CSS Grid Layout 的屬性和其值會因規格而異，而 IE 10 和 IE 11 採用舊有規格，無法使用所有功能。

換言之，在該網站上，IE 10、IE 11 的 CSS Grid Layout 功能是黃色訊號，代表無法順利使用。

只要查看 Can I use 的網站，就可確認瀏覽器是否支援 CSS 功能、屬性。當想要嘗試新的功能時，建議先前往該網站查詢使用該屬性是否有問題。

Vendor Prefix

另一個必須知道的是 Vendor Prefix。

如前所述，在使用較新的 CSS 功能所定義的屬性時，必須留意瀏覽器的支援情況。然而，我們卻又不是 100%瞭解新功能的內容後，才落實至瀏覽器。在正式採用之前，會在瀏覽器實作該功能進行測試。

流程是先測試性地在瀏覽器上實作新的屬性，之後再確定是否正式採用該功能。在先行實作階段使用屬性時，CSS 的屬性得如下前綴特定的詞頭。這邊假定要測試 `transition` 屬性的功用。

```
div {
  -webkit-transition: all 1s;
}
```

這個 `-webkit-` 就是前綴詞，專業術語稱為 **Vendor Prefix**。

Vendor Prefix 表示該瀏覽器供應商本身的屬性，比如 Webkit 使用 `-webkit-`；Microsoft 使用 `-ms-`；Opera 使用 `-o-`。即便在測試階段，仍舊可使用寫成 `-webkit-transition` 的屬性。

當正式採用該功能後，才會如下使用去掉 Vendor Prefix 的屬性。

```
div {
  transition: all 1s;
}
```

可喜可賀……。

雖然像這樣花費時間確定功能，也順利落實至瀏覽器當中，但使用者開啟的瀏覽器未必都是最新的版本，這問題總是讓開發人員感到頭大。在這樣的背景下，必須針對前面幾個版本的瀏覽器，搭配帶有 Vendor Prefix 的屬性來編寫程式碼。

此時，可如下編寫程式碼：

```
div {
  -webkit-transition: all 1s;
  -ms-transition: all 1s;
  -o-transition: all 1s;
  transition: all 1s;
}
```

如此一來，不僅對先行實作階段的版本有效，對正式採用並落實 `transition` 的版本也沒有問題。

輪到 Autoprefixer 出場

這邊會遇到一個問題——前綴 Vendor Prefix 感覺好麻煩。

開發人員得掌握所有的屬性、各種瀏覽器的支援情況，再來決定是否加上 Vendor Prefix 嗎？「這個屬性的 Webkit 已經加了 Vendor Prefix，但 IE 還沒有，必須加上 `-ms-`……」難道得這樣顧慮東顧慮西嗎？

想要使用較新的屬性時，應當先前往 Can I use 掌握大致的支援情況。雖然僅是單純加上 Vendor Prefix，操作上卻也相當費時費力。而且，這個前綴的 Vendor Prefix 要添加到什麼時候呢？需要具備的知識太深了。

此時，Autoprefixer 相當方便、非常厲害，它會自動對照 Can I use 的數據，確認各個屬性的瀏覽器支援狀況，並根據對象環境添加 Vendor Prefix。

跟 Sass、壓縮一樣，Autoprefixer 也能夠由線上表單確認運作情況。讀者可前往下述網站自行確認看看。

> Autoprefixer CSS online
> https://autoprefixer.github.io/

左側輸入程式碼，右側會輸出套用 Autoprefixer 的結果。

下面來看轉換結果，轉換前的程式碼：

```
.example {
  display: grid;
  transition: all .5s;
  user-select: none;
  background: linear-gradient(to bottom, white, black);
}
```

套用 Autoprefixer 後，變成如下的程式碼：

```
.example {
  display: -ms-grid;
  display: grid;
  -webkit-transition: all .5s;
       -o-transition: all .5s;
          transition: all .5s;
  -webkit-user-select: none;
```

```
    -moz-user-select: none;
     -ms-user-select: none;
         user-select: none;
  background: -webkit-gradient(linear, left top, left bottom, from(white), to(black));
  background: -o-linear-gradient(top, white, black);
  background: linear-gradient(to bottom, white, black);
}
```

不難看出輸出的程式碼考慮了各個屬性所需的 Vendor Prefix，且混合了前面介紹的 CSS Grid Layout 和 tansition 的程式碼。

這邊需要注意的是，最後描述的 `linear-gradient`。以程式碼實現漸層效果的 CSS Image Module Level3，正式實作和測試階段的描述方式差異甚大。Autoprefixer 會自動對舊式描述進行補充，比較轉換前後的程式碼後，不難想見自己編寫時是多麼麻煩的作業。

過往需要使用 Sass 的 mixin 完成這類處理，但就 CSS 設計而言，並不希望 Vendor Prefix 增加程式碼的複雜性。

如今，該問題大多交由 Autoprefixer 解決，截自撰寫本書的 2021 年 11 月，導入 Autoprefixer 填補瀏覽器的支援差異，儼然是最佳的對應方法。藉由將吸收瀏覽器間的差異交給 Autoprefixer，可保持應該管理的 CSS 程式碼處於綠色狀態。

應該使用 Autoprefixer 嗎？

該怎麼使用 Autoprefixer 呢？果然跟 Sass、壓縮一樣，直接嵌入建置處理當中。若有建立 Sass、PostCSS、壓縮等的建置處理，筆者認為嵌入裡頭不會有什麼損失，這也是開發前線廣為使用的手法。

Windows 過往的預設瀏覽器 Internet Explorer 不會自動更新，即便推出新版的瀏覽器，仍有許多使用者還在使用舊版瀏覽器。然而，Edge 問世後情況為之一變，它會經由 Windows update 自動更新到最新版本。其他的主流瀏覽器 Chrome、Firefox 等，基本上都會自動更新，舊世代瀏覽器得持續留心狀況的情形有很大的改善。

如今，若架設的網站以新版瀏覽器為目標，未必一定得使用 Autoprefixer。不過，光是嵌入便可預防預料外的布局走樣，嘗試導入不會有什麼損失吧。

●

這次介紹了 Autoprefixer 的內容。縱使不使用 Autoprefixer，它也是編寫 CSS 時的重要知識，期望讀者能夠有所瞭解。

Autoprefixer 會作成插件的形式，嵌入 PostCSS 當作額外功能。雖然 PostCSS 不常使用，但許多案例為了 Aitoprefixer 選擇導入 PostCSS。

因此，下一章就來介紹 PostCSS 吧。

第21章

使用建置製作 CSS：PostCSS

建置系列的最後來介紹 PostCSS。

是否使用 PostCSS 取決於個人喜好、專案指引，但許多想要的功能都是建立在 PostCSS 的基礎上，故筆者認為有必要瞭解 PostCSS 為何物。前章介紹的 Autoprefixer 也需要 PostCSS 才能夠使用。

何謂 PostCSS？

PostCSS 是提供應用程式介面，將 CSS 轉成其他 CSS 的軟體。跟前面介紹的工具一樣，PostCSS 會發布成 npm 套件。

PostCSS
https://postcss.org/

在介紹 Sass 的時候，提到 Sass 是 CSS 的預處理器，而 PostCSS 與此相反，稱為 CSS 的後處理器（Postprocessor）。「將 CSS 轉成其他 CSS……這是在說什麼啊？」內心可能感到疑惑，但前章介紹的 Autoprefixer 正是在做這件事情。

Autoprefixer 的功能是，配合欲支援的瀏覽器追加 CSS 的描述。其流程可進一步細分：先讀取 CSS，再將帶有 Vendor Prefix 的屬性和其值，追加至既有的 CSS 規範，最後輸出成不同的 CSS 檔案。關於這一連串的處理，Autoprefixer 是使用 PostCSS 當作基礎。

PostCSS 本身僅是提供轉換 CSS 的應用程式介面，工作原理是先讀取類似 CSS 規範的文字列，轉換成容易處理的資料再靈活地擺弄。換言之，僅有 PostCSS 什麼事情也做不了。
若要打比方的話，PostCSS 好比 PlayStation、Nintendo Switch 等主機，需要有遊戲軟體才能夠發揮作用。

插件

那麼，這個軟體又是什麼呢？在 PostCSS 會稱為**插件（Plugin）**。想要進行某些具體的轉換時，需要編寫 PostCSS 的插件。

Autoprefixer 會作成 PostCSS 的插件，本身不負責解析 CSS 內容的麻煩處理，採取交由 PostCSS 代勞的形式。Autoprefixer 程式碼得編寫的處理有，使用 PostCSS 準備的應用程式介面，匹配 CSS 屬性和其值的內容與瀏覽器的支援狀況，並根據需要追加屬性。

因此，想要使用 Autoprefixer 的時候，會先將 PostCSS 嵌入建置處理中，再以插件的形式設定 Autoprefixer。

插件的程式碼寫法

插件的程式碼本身並不困難，只會用到基本的 JavaScript，任誰都能夠編寫。這邊省略細瑣的部分，稍微介紹超單純的插件寫法，幫助讀者體會 PostCSS 是如何運作。

首先，假設有這樣的 CSS：

```
body {
  color: my-favorite-color;
}
```

馬上會注意到 `my-favorite-color` 沒有指定顏色。
如下編寫 PostCSS 插件，再將其指派給 PostCSS。

```
const favoriteColorPlugin = () => {
  return {
    postcssPlugin: "favoriteColorPlugin",
    Declaration(decl) {
      if (decl.value === "my-favorite-color") {
        decl.value = "orange";
      }
    }
  };
};
favoriteColorPlugin.postcss = true;
```

第21章

此插件編寫的處理是，若值為 my-favorite-color，則顯示為 orange。

執行 PostCSS 轉換先前的 CSS 後，可得到如下的 CSS：

```
body {
  color: orange;
}
```

my-favorite-color 的部分會置換成 orange。

雖然舉例僅是單純置換值，但也可參照屬性名稱進行某些處理。Autoprefixer 會依照該瀏覽器的支援狀況來追加規範。

PostCSS 可如同舉例照自己喜歡的方式編寫，也可利用 Autoprefixer 等插件來處理。

另外，關於 PostCSS 的安裝方法、插件的設定方式，本書省略了這部分的解說。PostCSS 跟其他軟體一樣發布成 npm 套件，可嵌入前面解說的建置處理當中，具體的方法請參閱官方網站。

常用的方式

PostCSS 是像這樣讀取插件來使用，不過我們實際上鮮少親自編寫插件。npm 已有上傳諸多不錯的 PostCSS 插件，多數情況是選擇喜歡的插件嵌入專案當中。

如前所述，Autoprefixer 也是一種插件。這邊再介紹幾個知名的插件吧。

cssnano
https://cssnano.co/

cssnano 是壓縮 CSS 的插件，跟前面的 clean-css-cli 是類似的壓縮工具，除了可省略重複宣告外，還會幫忙自動轉成簡寫的形式。

相同的事情得另外編寫檢查屬性重複的處理，故會選擇使用 PostCSS 來代勞。

老實説，筆者只要能夠適當地壓縮就行了，並不清楚 clean-css-cli 和 cssnano 的差異。各位只要知道 PostCSS 的插件也能夠壓縮即可。使用 PostCSS 的時候，以 cssnano 等插件進行壓縮，建置和套件的管理會比較輕鬆。

stylelint

stylelint
https://stylelint.io/

stylelint 是可檢查 CSS 語法的插件。
例如，假設有這樣的程式碼：

```
div {
  color: #aabbccd;
  disply: block;
}
```

仔細查看會發現，`color` 的值不是十六進位、`display` 誤植成 `disply`。使用 stylelint 後，當發現這類程式碼就會發出警告。

除此之外，stylelint 也可訂定 CSS 描述方式的規範，發現未遵循該規範的描述時發出警告。例如，數值不可像 `.3em` 省略描述；或者反過來不可像 `0.3em` 未省略描述；單位不可使用 `pt` 等等。

stylelint 套件可編寫簡單的組態來檢查規範。雖然獨自編寫 CSS 時沒有太大的意義，但若是複數人員負責同一專案的 CSS，事前將這樣的機制嵌入建置處理當中，就能夠統整程式碼的格式。

我明明習慣採用 `0.3em` 的未省略形式，但團隊成員卻使用 `.3em`，日後修正時可能有遺漏的問題。為了減少程式碼的偏差，以 stylelint 設定規範再實作是比較有效率的做法。

Sass的功能

PostCSS plugin: Sass
https://www.postcss.parts/tag/sass
PostCSS插件中，帶有「Sass」標籤的插件清單

PostCSS也可做到跟第19章Sass幾乎一樣的事情。Sass能夠使用變數、選擇器嵌套、mixin等各種語法，而PostCSS也有諸多可利用同樣語法的插件。以下為其中一部分：

PostCSS Mixins
https://github.com/postcss/postcss-mixins
可利用mixin的插件

PostCSS Nested
https://github.com/postcss/postcss-nested
可利用選擇器嵌套的插件

PostCSS Simple Variables
https://github.com/postcss/postcss-simple-vars
可利用變數的插件

這些插件能夠做到跟Sass幾乎一樣的事情。導入Sass當然可使用所有功能，而PostCSS能夠僅裝進想要的功能。

PostCSS能夠組裝其他自己喜歡的插件，也可用JavaScript編寫複雜的處理，就擴張性的觀點而言，PostCSS或許可說更加優秀吧。

應該使用 PostCSS 嗎？

專案應該導入 PostCSS 嗎？

輔助編寫 CSS／最佳化 CSS

若如下想要輔助編寫普通的 CSS 並最佳化，筆者認為應該積極導入。

- 透過 stylelint 統一描述規範
- 透過 Autoprefixer 補足 Vendor Prefix
- 透過 cssnano 進行壓縮

在這些用途當中，轉換對象是設想純粹遵循 CSS 機制編寫的 CSS 檔案。PostCSS 可發揮 CSS 後處理器的功用，儘管需要花時間完成建置處理，但導入後能夠提升開發效率，盡是優點。

代替 Sass 的 PostCSS

那麼，需要更進一步使用 PostCSS 嗎？

例如前面提到的 Sass 功能，就令人感到煩惱。有些人會這麼認為，若想要類似 Sass 的功能，直接使用 Sass 不就好了？

「反正都要做同樣的事情，PostCSS 和 Sass 沒有太大的差異吧？」應該有人這麼認為。「使用類似 CSS 的 PostCSS 插件」和「使用 Sass」，筆者覺得後者比較容易進行團隊溝通。

當被交代「以 PostCSS 編寫 CSS」，則得詳細確認每個插件，這可能令開發人員感到排斥。雖說可使用類似 Sass 的插件，但仍得確認所有採用的插件，以及可使用哪些 Sass 語法。PostCSS 的擴張性比較優秀，不過就降低開發難度而言，筆者認為 Sass 的門檻比較低。

那麼，選擇 Sass 就不使用 PostCSS ？卻又不是這麼一回事，經由 Sass 轉換的 CSS 也可使用 PostCSS。例如，對經由 Sass 轉換的 CSS 套用 Autoprefixer，最後使用 cssnano 進行壓縮。建議考慮開發、營運的體制後，靈活地決定怎麼操作這個部分。

其他用途

- 輔助編寫純粹的 CSS
- 提供類似 Sass 的功能

除此之外，其他可歸類為「其他用途」。

這類插件是使用非 CSS 的獨自屬性、值、語法。PostCSS 插件真的是應有盡有，可如同前面將 `my-favorite-color` 轉成 `orange`，任意擺弄屬性、值；以 ASCII 藝術安排布局，輸出對應的 CSS。這些算是半開玩笑性質的插件吧。

「其他用途」的插件也有諸多輔助開發的語法。例如，使用 rucksack 插件後，

rucksack
https://www.rucksackcss.org/

這樣的 CSS：

```
.element {
  position: absolute 0;
}
```

會轉成如下的程式碼：

```
.element {
  position: absolute;
  top: 0;
  right: 0;
  bottom: 0;
  left: 0;
}
```

原來如此，這感覺很方便，實務上的確經常編寫這樣的 CSS。rucksack 集結了這類便利的語法。

這樣的插件似乎能夠提升開發效率。然而，筆者不太建議專案導入這類插件。

並不是說這種追加獨自語法的插件完全不能夠使用，它們的確可提升編寫程式碼的效率。然而，組進這類插件後，專案的CSS逐漸變成獨自的格式。就長期維護程式碼的觀點來說，難以說是理想的狀態。

當自身加入專案的時候，開啟 CSS 檔案發現盡是陌生的語法，情況會如何呢？想要瞭解插件獨自定義的屬性、值，理所當然需要深入認識該插件，必須閱讀其相關文件。雖說能夠提升編寫的效率，但最終可能反而增加營運成本。

筆者認為，重要的是衡量優缺點。導入該插件能夠帶來多少好處，不妨以此作為判斷材料。

順便一提，就筆者而言，具備類似 Sass 功能的插件並非純粹的 CSS，而是 Sass 的獨自語法，但由於支援 Sass 的語法過於有名，團隊在溝通上沒有問題，不會帶來什麼嚴重的壞處。

●

以上分為四個章節，講解了建置、Sass、Autoprefixer、PostCSS。透過建置提高效率的做法，筆者認為是現代開發的必備技能。然而，雖然籠統說成「現代開發」，但每個人參與專案的方式各自不同。

有設計人員使用某些創作軟體更新網站的情況，也有由不熟悉技術的網頁負責人員更新網站的案例。在這類營運體制下，勉強導入建置處理，可能徒增所需的相關素養，最後反而拉高了營運成本。此時，必須事前檢討是否導入建置處理。

相反地，若有明確的開發體制，且能夠確保有專責前端開發的人員配置，就務必導入建置處理。對想要編寫進階 HTML 和 CSS 的人來說，這也是一定要具備的技能。

對於今後也想將 CSS 當作自身技能之一的技術人員，筆者肯定會建議：「要有能力完成建置處理。」

進階元件：通用型區塊、限定型區塊

接著，回歸討論設計的議題。

本章將會講解區塊不好命名的問題。

即便瞭解 BEM，掌握基礎規範、布局規範、Sass 等，仍舊會對命名感到困擾吧。

該取什麼名稱呢？

那麼，假設有如右的區塊。

你接著要編寫 HTML 和 CSS。拿到 FAQ 頁面的設計圖，發現裡頭有這樣的使用者介面。「好喔！把它作成區塊吧。」內心如此盤算，正準備開始編寫程式碼，雙手卻停了下來。

```
<div class="
```

程式碼寫到這邊，開始煩惱：「嗯……區塊該取什麼名稱呢？」例如，你可能想到這些名稱：

- box-text-set
- contact-block
- faq-contact-block

假設有分別選擇這三種名稱的開發人員。

嘗試詢問這三位開發人員的意見。

開發人員A：box-text-set

使用者介面的周圍有框線、裡頭裝有內文，故取名為 `box-text-set`。

雖然光由設計圖無法斷定，但區塊似乎也可裝進其他的元素。設計圖中有諮詢導覽，不過這僅是 box-text-set 的部分功用吧？比如，裡頭也可能裝進圖片、清單列表。

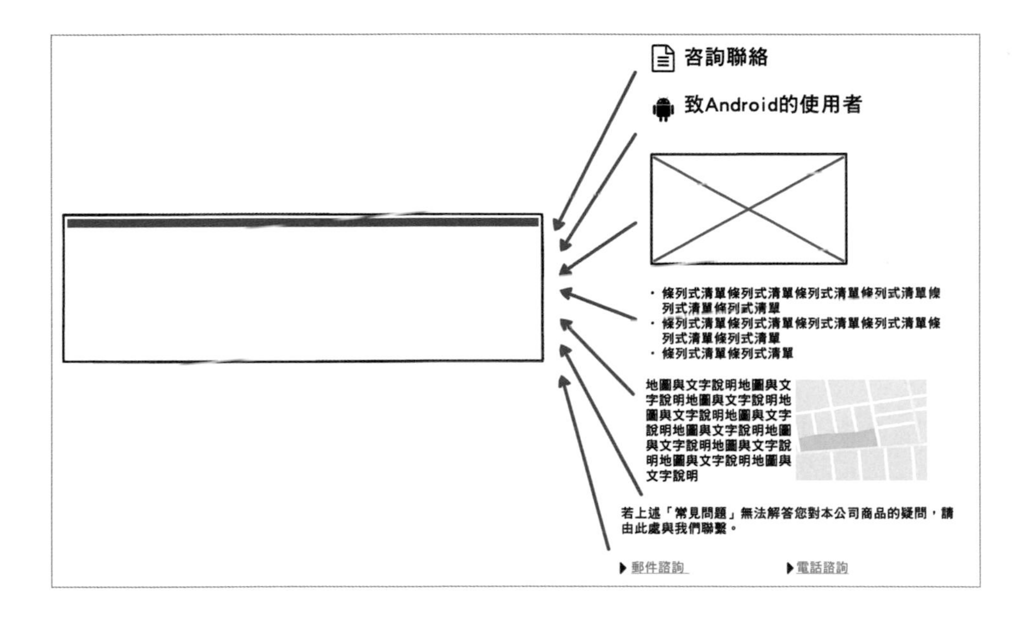

日後可能追加額外的使用者介面，每次都得準備新的元素並搭配相關要素。製作區塊時，應該設想挪用至其他頁面的情況。

製作便利的通用型區塊架設整個網站，正是 CSS 設計的有趣之處。CSS 的檔案容量也降到最小，不是非常理想嗎？

開發人員B：contact-block

此使用者介面貌似用於問答區塊，故取名為 `contact-block`。

由設計圖可知，區塊置於 FAQ 頁面的最底部。

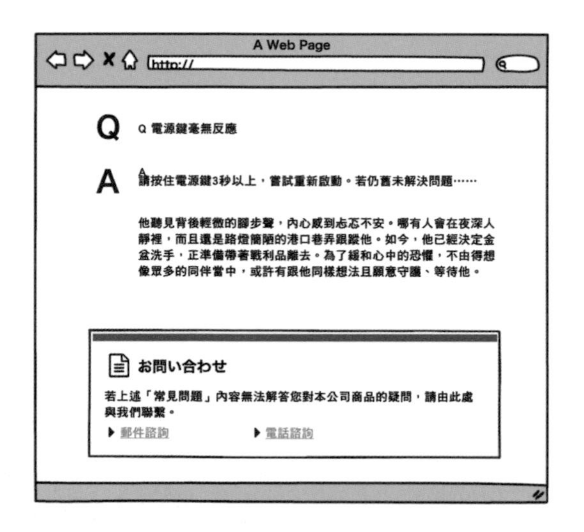

這是設計圖的 FAQ 頁面，不過該區塊也有可能用於其他頁面，此時應當統整成同樣的外觀吧。

難道不會用於諮詢聯絡以外的用途嗎？

我不曉得像 A 一樣考慮任何用途是否比較好。總而言之，這是用於諮詢的區塊，取為 `contact-block` 不會有太大的問題。

畢竟設計圖還只有 FAQ 的頁面，若取為 `box-test-set` 的話，根本不曉得該區塊的用途、用於什麼地方吧。

開發人員 C：faq-contact-block

我同意這是用於諮詢頁面的區塊，但會不會用於其他頁面就難說了。畢竟拿到的設計圖還只有 FAQ 的頁面，目前根本不曉得其他頁面的情況，而且我僅負責 FAQ 頁面的程式碼而已。因為是用於 FAQ 頁面的諮詢區塊，故 `faq-contact-block` 是最佳的命名。

其他頁面出現相同的使用者介面時怎麼辦？到時再取名 `product-contact-block`、`top-contact-block` 等，作成其他的區塊就好了啊。

況且，也不曉得那些頁面出現的諮詢區塊，外觀是否與 FAQ 中的區塊外觀相同。沒有更多的資訊，也就只能取名 `faq-contact-block`。

通用型還是限定型？

這個案例應該選擇哪一種命名中呢？

- A : box-text-set
- B : contact-block
- C : faq-contact-block

「這三種命名方式，正確答案是 A ！」沒有辦法如此下結論。

三者的差異在於，是設想**通用型**區塊還是**限定型**區塊。

其中，A 最為通用、C 最為限定、B 介於兩者之間。不如說，筆者正是如此設想來舉例的。

「原來如此？就算這麼說，還是不知道命名的基準吧？」讀者或許這麼認為。因此，下方就來討論各種命名的優缺點。

通用型名稱的優點

區塊決定取通用型名稱，並用於整個網站有什麼好處？這是選擇開發人員 A 的 `box-text-set`。在開發人員的 A 的意見中，就有提到一些優點了。

容易將變數反映至複數頁面

首先，第一個優點是只需要修改 CSS，含有該使用者介面的頁面，全部能夠套用同樣的變更。「……CSS 平時不是就這樣編寫嗎？」內心可能感到疑惑。

第22章

改變 `box-contact-block` 的背景顏色後，無論是 100 個頁面還是 1000 個頁面，完全不需要動到 HTML，所有頁面都會反映布局的變更。

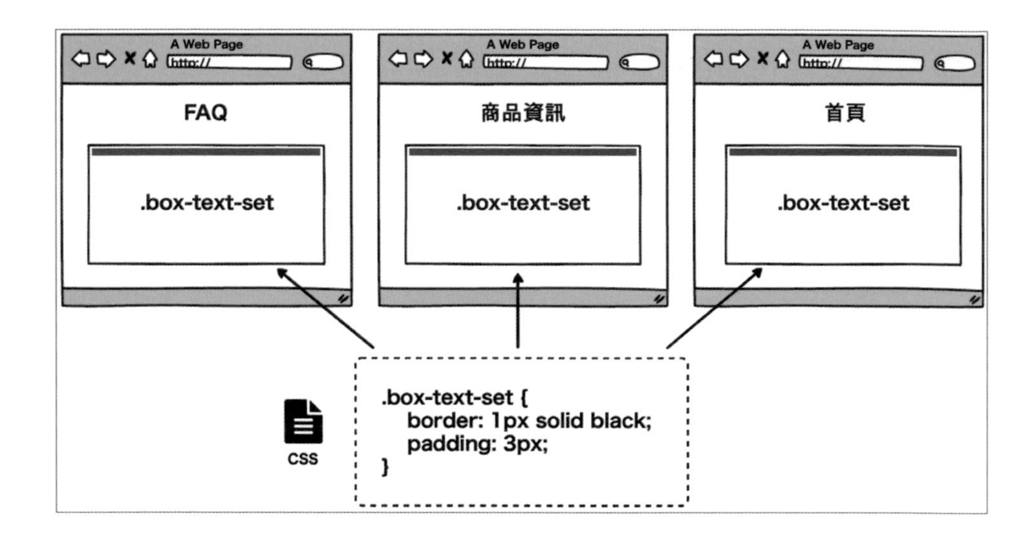

若是取名為 `faq-contact-block`，僅設想用於 FAQ 頁面的話，情況會如何呢？如前所述，同樣的區塊在商品資訊得取為 `product-contact-block`；在首頁得取為 `top-contact-block` 等。

這樣即便僅想要稍微調整布局，好幾處都得做同樣的變更。複數頁面使用同一的區塊，日後想要調整區塊外觀時會相當輕鬆。連續接到這樣的委託時，肯定會讚嘆：「CSS 棒呆了！」

將 CSS 的檔案容量降到最小

相較於 FAQ、商品資訊、首頁分別製作區塊的 CSS 容量，以 `box-text-set` 統一製作僅需要少量的程式碼。比起三個區塊的 CSS，一個區塊的 CSS 當然比較少。

若僅是些微的布局差異，且採用 BEM 形式設計的話，可使用修飾符來修改。截然不同的外觀會直接製作其他的模組，但僅是稍微改變框線的顏色、調整裡頭的文字大小，使用修飾符修改一個區塊，CSS 的程式碼會最為精簡。

相似的區塊取不同的名稱來製作，到頭來許多地方還得複製貼上同樣的 CSS。這種情況總是令人莫名不快，筆者也能夠感同身受。`box-text-set` 正是「一源多用（one source multi-use）」的思維。

通用型名稱的缺點

看完前面的內容後，可能認為通用型設計比較有效率吧。然而，通用型名稱其實也有缺點、壞處。

修改造成的影響巨大

首先，修改 CSS 時的**影響範圍非常廣泛**。「這不是它的優點嗎？」這麼說也沒有錯，但這同時也是其缺點。

試想在擁有 1000 個頁面的網站，修改 box-text-set 的區塊，能夠知道哪些頁面也受到影響嗎？當然，只要以 box-text-set 搜尋整個 HTML 就行了。這些頁面有可能發生布局走樣、預料外的結果。

若在 FAQ 頁面取名 faq-contact-block、在商品資訊頁面取名 product-contact-block、在首頁取名為 top-contact-block，作成不同區塊的情況又如何呢？

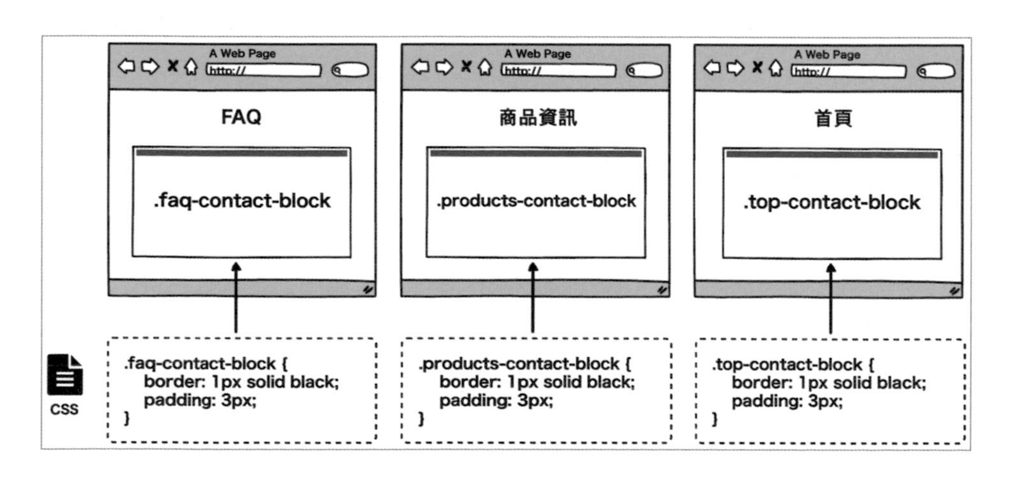

採取這樣設計的話，各個區塊的變更只會影響對應的頁面。換言之，當「想要改變 FAQ 頁面的諮詢區塊外觀」的時候，faq-contact-block 比 box-text-set 更容易更動。

若是取名 `box-text-set` 的話，擺弄 CSS 時難以抹去是否造成哪邊走樣的不安。例如，工作上經常碰到僅 FAQ 交由其他部門管理。此時，擺弄 FAQ 時的影響僅發生在 FAQ 內部，就維護性而言是最佳的狀態。

前面描述修改一個地方就全部套用為優點，不過這同時具備優缺點兩方面的性質。

無法刪去 CSS 程式碼

由難以更動 CSS 衍伸的另一個缺點是，通用型區塊的 CSS 程式碼幾乎不能夠刪去。

若取為 `faq-contact-block` 的話，在更新 FAQ 頁面時刪去程式碼不會有問題。然而，若取為 `box-text-set` 的話，就不能夠輕易刪去程式碼。根據前面開發人員 A 的意見，區塊是設想用於整個網站。換言之，僅確定所有頁面都未使用且日後也決定不再使用的情況，才能夠刪去該區塊的 CSS 程式碼。

此外，如同前面的優點所述，為了增加布局變化可能定義了大量的修飾符。製作頁面的同時不斷添加修飾符，最後可能變成超巨量的多功能區塊。

一旦作出這種高通用性的區塊，就再也無法從 CSS 中刪去其程式碼。更正確來說是，需要消耗極大的勞力才能夠刪去，到頭來只好選擇放置不管。即便碰到更新等時間點，也會因為害怕出問題而選擇不刪去程式碼，最後可能在 CSS 中堆積成如垃圾般的存在。

在程式設計上，會將塞進過多功能的類別稱為「上帝類別（God class）」，當作反面模式（anti-pattern）引以為戒。同樣地，塞進過多功能的區塊可稱為「上帝區塊」。

「刪去區塊的情況又不常發生。」有些人可能如此認為，但當預計共通使用的區塊最後僅用於 FAQ 時，可能就會後悔取通用型名稱。

究竟該怎麼辦？

那麼，究竟該怎麼辦才好？

在討論優缺點之前，希望各位先知道，開發人員 ABC 皆完全欠缺使用者介面的觀點。對於該怎麼辦這個問題，首先會建議「**與設計人員商討**」。

該使用者介面是否用於整個網站？取決於該介面本身的設計意圖。因此，當設計和內容規劃由不同人負責時，首要之務是先討論該介面的意圖，這不是實作端單方面決定的事情。獨自設計網站的時候，也應當思考怎麼處理這部分。

關於諮詢聯絡的導覽區塊，若僅規劃用於FAQ的話，取名 `faq-contact-block` 會比較好；若帶有整個網站統一使用的意圖，則取名為 `contact-block`；若其他用途也打算使用同樣的外觀，設計最低限度的使用者介面，則取名為 `box-text-set`。換言之，**取名也是設計的一部分**。

雖說如此，「給我想好區塊的類別名稱。」也不要直接把問題丟給設計人員。這部分在第 16 章「在專案中應對自如」也有深入討論，讀者不妨搭配起來閱讀。

Enduring CSS

原來如此，命名並非僅是實作的工作，跟整體的設計也有關係。筆者認為，這樣的理解大體正確。若有幸與抱有同樣想法的設計人員共事，肯定能夠交出不錯的成果。

然而，許多案例都沒有明確的設計指引。況且，在編寫 HTML 和 CSS 的階段，可能尚未決定諮詢聯絡的區塊用於哪些地方，日後也可能有所更動。這是相當難以判斷的部分，必須分成使用者介面和實作兩方面切入，綜合判斷來決定名稱。一直思考也不是辦法，實際編寫程式碼吧。此時，該怎麼辦才好呢？

就這次的舉例而言，筆者偏好限定型的名稱，選擇採用 `fad-contact-block`。若設計意圖明確表示用於整個網站，可能就會取名 `box-text-set`。否則，比如後續難以預測、現階段僅有 FAQ 與數個頁面的設計圖，取名 `fad-contact-block` 比較不會發生問題。

筆者過去的思維，跟前面舉例的開發人員 A 完全一樣。所有介面盡量作成通用型，CSS 設計的目標就是將整個網站的檔案容量降到最低，任何專案都應當如此才正確，並以此為己任。

然而，自從讀完《Enduring CSS》，筆者完全改觀了。Ben Frain 在這本書討論了怎麼運用 CSS 設計才不會發生問題。

Enduring CSS
https://ecss.benfrain.com/

翻閱字典查詢，enduring 有「長期的」「長遠的」「永久的」等意思。

本書內容重視迴避前述通用型區塊（在 ECSS 稱為模組）所帶來的缺點，並建議盡可能設計限定型區塊。同時也指出，大量製作通用型區塊會讓 CSS 愈來愈難修正，總有一天會出現破綻。這在前面「通用型名稱的缺點」也有提到。

編寫 CSS 時總是偏向開發人員 A 的思維，筆者也深有同感。不過正是這樣的人，才更要翻閱《Enduring CSS》這本書。雖然目前僅有英文版本，但可在網站上閱讀全文。接著稍微介紹《Enduring CSS》中的內容吧。

本書後面會將 Enduring CSS 簡稱為 ECSS。

命名空間式前綴詞

在 ECSS 中，有規範區塊前面要加上描述命名空間的文字列，比如前面舉例 `faq-contact-block` 中的 `faq-`。本書的第 12 章將其稱為「命名空間式前綴詞」，強制附加前綴詞來描述區塊的分類。

例如，假設以前綴詞描述網站的結構分類。然後，若前綴詞是 `faq` 的話，則規範僅在 FAQ 分頁使用。這樣光由區塊的類別名稱，就可知道該區塊限定用於哪些地方。
商品資訊的前綴詞為 `products-`；首頁的前綴詞為 `top-`，看到如此編寫的 HTML 和 CSS，可感到安心：「啊～目前正在編輯首頁，擺弄 `top-contact-block` 不會造成其他頁面的布局走樣。」

這部分可當作前面命名空間式前綴詞的一個用例。

程式碼重複沒有關係嗎？

然而，像這樣設計限定用途的區塊，會有如前面舉例的缺點。關於這個問題，下面來介紹 ECSS 的看法。首先是程式碼重複的問題。

FAQ 的諮詢區塊作成 `faq-contact-block`；商品資訊的區塊作成 `products-contact-block`；首頁的區塊作成 `top-contact-block`，該怎麼處理三區塊外觀相同的情況呢？複製貼上相同的 CSS 就好了嗎？這樣同樣的程式碼會出現好幾次吧。

對於這個問題，ECSS 的答案是「複製貼上吧！」Sass 可用 mixin 抽象化統整共通的樣式，但 ECSS 不推薦這樣的做法。即便是相同的外觀，命名空間不一樣就當作不同物來處理。換言之，用於 FAQ 的 `faq-contact-block`；用於商品資訊的 `products-contact-block`，縱使外觀完全相同，CSS 幾乎一模一樣也沒有關係。

CSS 容量變大沒有關係嗎？

聽到程式碼可重複，自然會產生疑問：「這樣不是會造成 CSS 容量變得龐大？」「想要統一變更時不會很辛苦嗎？」

關於 CSS 容量的問題，ECSS 推薦按照命名空間劃分 CSS 檔案。使用一個巨大 CSS 檔案統整管理所有 CSS 檔案也可以，

不過將 faq- 命名空間區塊集的 CSS 統整為 faq.css，作成僅加載於 FAQ 頁面的檔案，就幾乎不用擔心 CSS 檔案的容量問題。

然後，關於伺服器的設定，建議將 HTML、CSS 檔案壓縮成 gzip。雖然會因裡頭的內容而有所不同，但壓縮成 gzip 可將縮小檔案容量 20%～50%。

ECSS 指出，如此管理、壓縮後再發布 CSS 檔案，可避免 CSS 重複的問題。

無法統一變更也沒有關係嗎？

關於想要統一變更時會很辛苦，由於沒有輕鬆迴避此問題的方法，ECSS 採取放棄的立場。

商品資訊中的諮詢區塊和 FAQ 中的諮詢區塊，兩者的外觀相同卻是截然不同的東西。由於兩者是不一樣的事物，變更外觀時得修改兩處的 CSS。雖然可一次變更是 CSS 的優點之一，但放棄這項優勢也沒有關係。

此做法或許會令人覺得相當大膽，不過 ECSS 的思維重視長期維護 CSS，避免在 HTML 和 CSS 的階段進行抽象化。
ECSS 指出，若無法做某種程度的劃分，CSS 最後可能變成複雜難解的巴別塔（Tower of Babel）。

用於整個網站的區塊

雖說如此，ECSS 也並非全部都採用限定型區塊，但同時亦表示這也是可行的做法。

例如，ECSS 中以 Site Wide 簡寫 `sw-` 的命名空間式前綴詞，明示用於整個網站的區塊。透過命名空間式前綴詞 `sw-`，向其他開發人員傳達：此區塊設想用於整個網站，編輯時需要留心注意。

網站共通的標頭、側邊欄、頁腳等都可使用前綴詞。

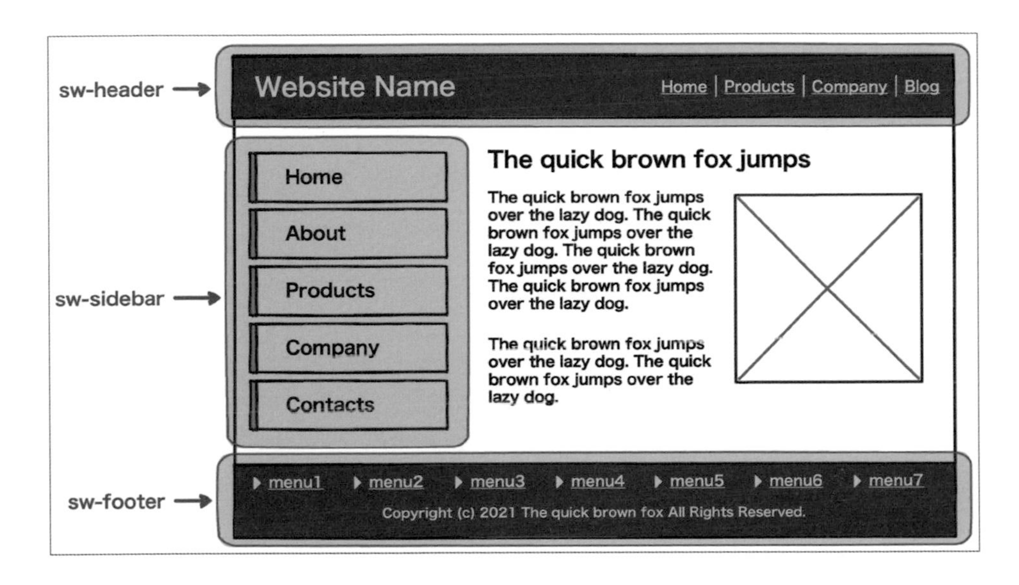

該使用者介面的確通用於整個網站，在結構上硬是劃分商品資訊、FAQ 的區塊，明顯沒有任何意義。

那麼，究竟該怎麼處理前面舉例的諮詢導覽區塊？ ECSS 認為會有下述兩種類型：

- `sw-contact-block`：用於整個網站的諮詢導覽區塊
- `faq-contact-block`：用於 FAQ 的諮詢導覽區塊

講解一長串說要作限定型區塊，到頭來還不是選擇通用型區塊，這的確讓人感到錯愕。

運用至CSS設計

製作用於整個網站的區塊後，開頭舉例的使用者介面該取什麼名稱？回歸這個問題吧。

答案是「**需要視設計而定，無法一概而論。**」設計人員必須知道，這在 CSS 是相當普遍的情況。

然而，筆者認為從 ECSS 可得到下述兩個方向：

- **A：基本上製作通用型區塊，再視需要製作限定型區塊**
- **B：基本上製作限定型區塊，再視需要製作通用型區塊**

這就是本章想要傳達的內容。遇到不曉得怎麼取名的時候，可參考這兩個方向。

大體來說，若是頁面數量少、獨自開發的情況，採用 A 的做法比較輕鬆。然而，若是頁面數量非常多、團隊開發的情況，採用 B 的做法通常能夠順利設計。在大型網站中，全部都作成通用型區塊，容易發生 Enduring CSS 擔心的窘境。即便徹底運用 BEM 形式的設計手法也難以避免，且一旦陷入該狀態就無法再回頭了。

想要僅以 `box-text-set` 處理所有區塊過於天真，最終會作出 `box-text-set2`、`box-text-set3`、`box-text-set4` 等，一堆相似又無法立即辨別的通用型區塊吧。雖然沒有辦法全然斷定是壞事，但得留意是否有開發人員認為「這是通用型的區塊」。

如前所述，在規劃 CSS 的程式碼時，除了關注樣式、內容的設計外，還要判斷實作上如何統整。

●

這次討論了區塊的通用性。

只要從事編寫 CSS 的工作，就沒有不用煩惱取名問題的一天。這牽扯到許許多多的人物、問題，能夠理解單靠查看程式碼沒有辦法解決問題，已經算是前進了一大步了吧。

第23章

進階元件：區塊嵌套

本章將會解說區塊嵌套的內容。

何謂區塊嵌套？

首先，先解說區塊嵌套是什麼。

例如，假設有這樣的區塊：

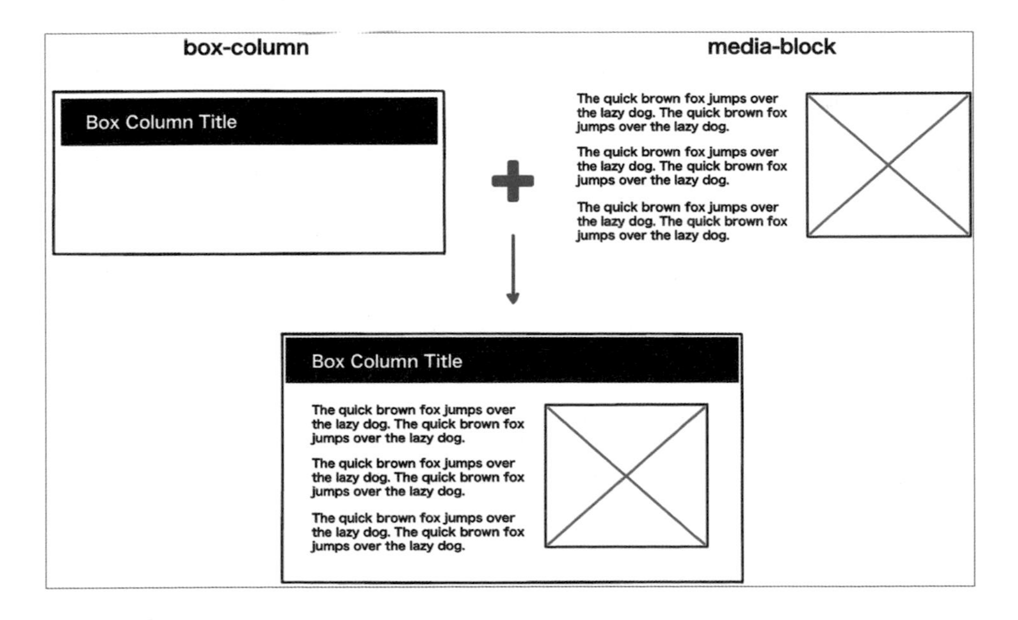

外框的部分是 box-column；內容的部分是 media-block，兩個區塊是 media-block 裝進 box-column。

```
<section class="box-column">
  <h2 class="box-column__title">Box Column Title</h2>
  <div class="box-column__body">
    <div class="media-block">
      <div class="media-block__text">
        <p class="media-block__p">The quick brown fox...</p>
        <p class="media-block__p">The quick brown fox...</p>
        <p class="media-block__p">The quick brown fox...</p>
      </div>
      <div class="media-block__media"><img /></div>
    </div>
  </div>
</section>
```

這種區塊中裝進其他區塊稱為**區塊嵌套**，使用兩個以上區塊表達一個使用者介面。

區塊嵌套的優缺點

「等一下。剛才舉例的 box-column 裡頭全都是元素吧。不是應該這樣編寫程式碼嗎？」有些人可能產生疑問。

```
<section class="box-column">
  <h2 class="box-column__title">box column title</h2>
  <div class="box-column__body">
    <div class="box-column__text">
      <p class="box-column__p">media block text...</p>
      <p class="box-column__p">media block text...</p>
      <p class="box-column__p">media block text...</p>
    </div>
    <div class="box-column__media"><img src="..." alt="..." /></div>
  </div>
</section>
```

當然，這樣編寫也沒有問題。兩相比較下來，後者是比較直觀的實作方式。「這樣哪個比較好呢？」兩者無法單純斷定優劣。

像這樣將區塊作成嵌套有其優點，下面連同缺點一起講解吧。

優點

將區塊作成嵌套的優點有，防止單一區塊的 CSS 量增加、變得複雜。

在前面的範例中，提到可將 box-column 的內容全部看作元素。這個例子沒有問題，不過若裡頭內容的變化眾多，可能會寫得相當辛苦。
例如，請想像下述頁面：

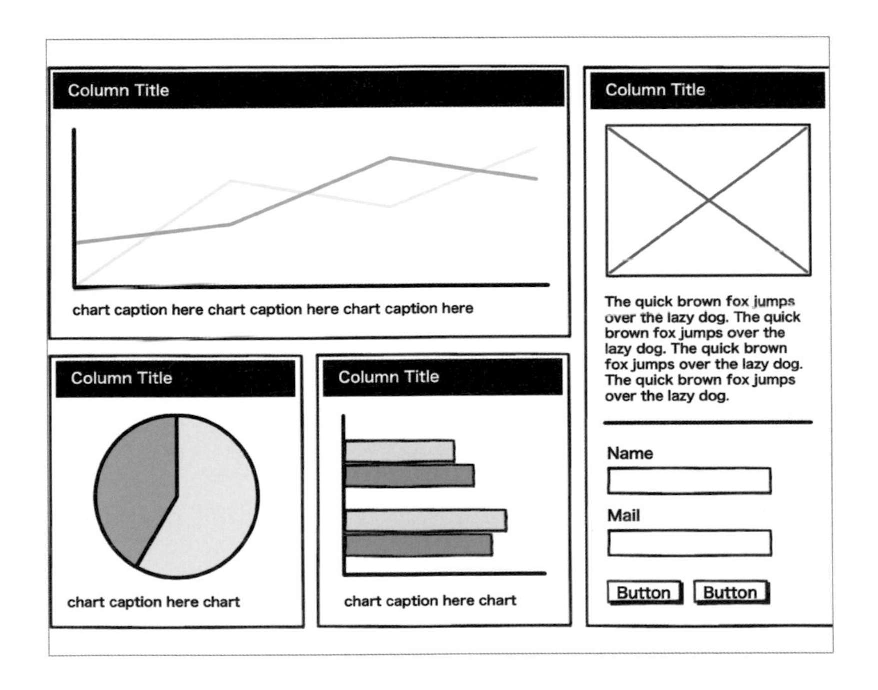

與其説是網站，更像是網頁應用程式，各種表單組件、圖表等，裡頭裝有多樣的使用者介面。

此時，將所有要素裝進一個 box-column 區塊並非不行，但這會產生塞進眾多元素的巨量區塊。
區塊應有盡有可能令人覺得方便，巨量區塊卻無法讓人欣然接受。一個區塊中出現眾多元素的時候，必須注意元素名稱不可重複、可能發生程式碼不精簡等問題。元素過多的區塊，其程式碼也會變得複雜。
於是，設計時僅切割出內容，各自作成獨立的區塊。然後，如同開頭的舉例，將區塊裝進外框部分的 box-column。

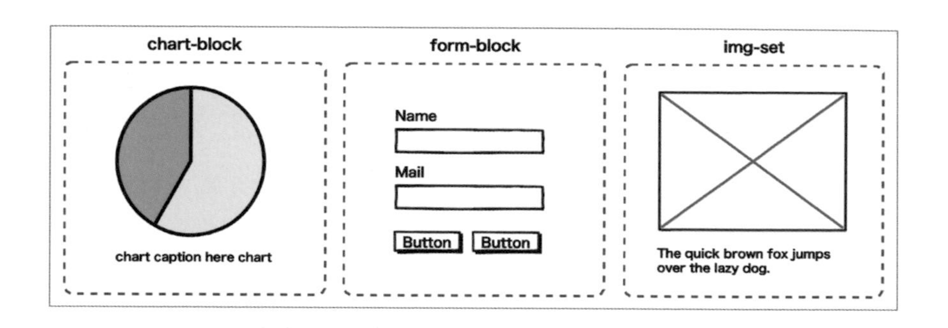

如此一來，box-column 區塊僅有外框部分，裡頭的區塊分別顯示各自內容，完成單純又靈活的設計。

除了 box-column 外，裡頭的區塊也可獨立使用，這也算是優點之一吧。基本上使用時會直接置於主要區域，不過也可選擇插進 box-column 當中，真的非常方便。

缺點

原來如此，這樣的確很有效率、相當方便。然而，這個特徵同時也是其缺點。將區塊作成嵌套，可能反而徒增程式碼的複雜性。
下面來看其他例子。

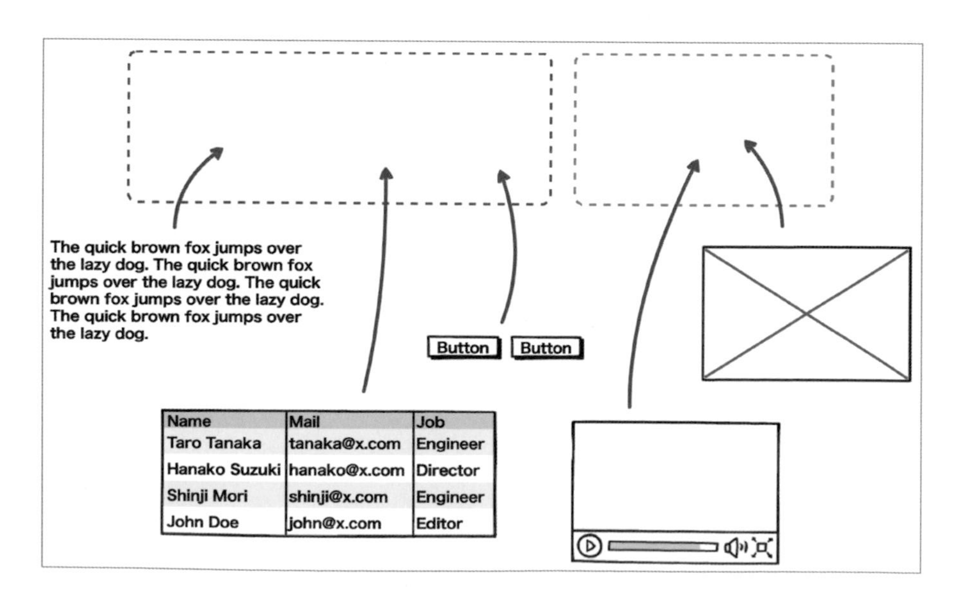

進一步擴張前面的 media-block。右側除了圖片外也想加入 Youtube 視頻，分別作成 img-block、youtube-block 等不同的區塊，再裝進嵌套當中。然後，左側除了文章外也打算加入按鈕、表格，這類元素感覺會無限增加下去，故分別作成 paragraph、button-block、table 等不同的區塊，再裝進嵌套當中。

```
<div class="media-block">
  <div class="media-block__text">
    <div class="paragraph">...</div>
    <div class="button-block">...</div>
    <div class="table">...</div>
  </div>
  <div class="media-block__media">
    <div class="img-block">...</div>
    <div class="youtube-block"><.../div>
  </div>
</div>
```

讓 media-block 本身可靈活調整左右寬幅，裝進裡頭的要素取較少的留白……等等，進行各種修正後，可能滿足地完成十項全能的區塊。然後，將這個 media-block 裝進 box-column 來使用。

這個區塊的萬能性正是其缺點所在，box-column 當中有 media-block、裡頭又裝進各種區塊……如拼圖般使用區塊嵌套表達一個使用者介面，可能令人產生莫名的成就感。然而，由前面的解說可知，此結構客觀上來看非常複雜。

其他開發人員觀看程式碼的時候，不難想見需要時間來理解其結構，元件清單有許多一一拆解開來的區塊。「此網站的元素這麼少，真的是採用 BEM 形式嗎？」可能不由得產生疑問。設計網站時採用這種區塊，當布局上發生某些問題，會難以釐清產生的原因。正因為嵌套變得複雜，不容易預測 CSS 修正後的影響。

在編寫 CSS 時，遇到無法以單一 div 描述的情況，會重複 div 作成二重、三重結構，HTML 的要素本來就容易形成嵌套。此時，若 CSS 設計也加入嵌套的概念，當然得留意其複雜性。

過多的嵌套反而徒增維護成本，需要小心注意。

應該作成嵌套區塊嗎？

如前所述，以 HTML 和 CSS 編寫一個使用者介面時，可作成也可不作成區塊嵌套，但哪種情況應該作成嵌套區塊，卻難以一概而論。

在前面優點的舉例，外框裝進圖形、表單的頁面範例，筆者認為就是應該作成區塊嵌套的情況。

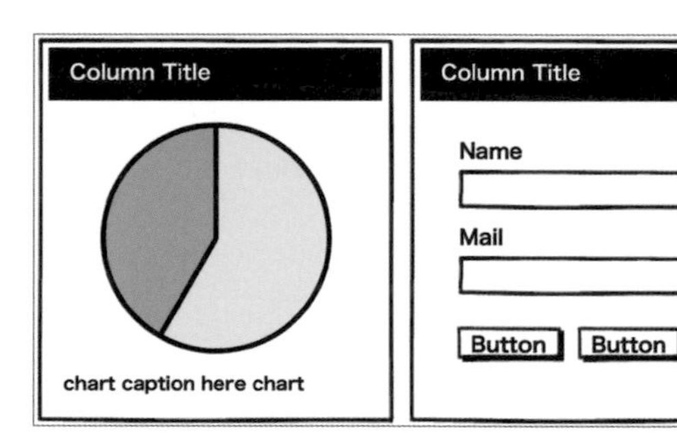

此時，每個箱子都作成區塊，CSS 程式碼會重複很多次，的確會給人徒勞的感覺。若整個網站統一規範使用外框圍起來整理資訊，就適合區分外框和內容作成區塊嵌套。

內容幾乎沒有變化的時候，便不太需要作成區塊嵌套。如同缺點的舉例，裡頭全部皆為不同區塊的 `media-block` 範例，真的有必要作成什麼都可嵌套的形式嗎？這點應該要事前想清楚。

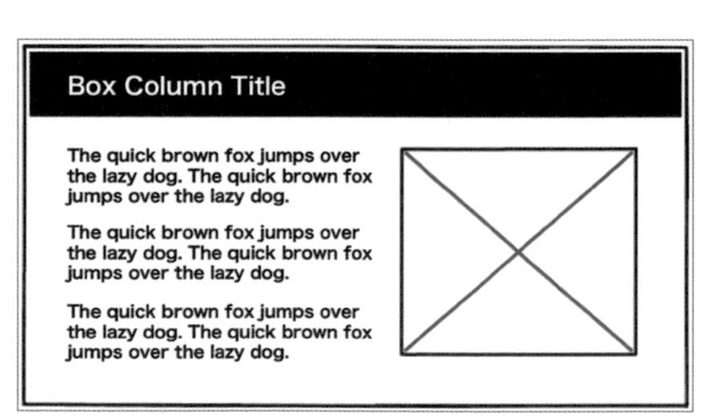

過於講究設計美觀等等，會想要什麼都能夠裝進去，但實際這樣規劃嵌套後，會發現真的有需要裝進這麼多東西嗎？筆者過去經常遇到，即便設計時什麼都想要加入，實際製作的頁面大部分僅裝進內文和清單。許多時候仿效前面的 ECSS 思維，遇到程式碼有某種程度的重複，索性作成不同的區塊反而更好。

將區塊作成嵌套有其好處，不過這至少會增加一個階段的複雜性，建議一面討論內容、使用者介面的規劃，一面判斷是否應該作成區塊嵌套。

作不作成區塊嵌套的範例

如前所述，筆者認為應該慎重地決定是否作成區塊嵌套。下面來看三個應該採用和不應該採用的範例。

範例1：按鈕

第一個例子是按鈕。筆者認為這個可作成嵌套。

由於區塊的粒度小，作成嵌套後容易使用。例如，假設有如右的區塊。

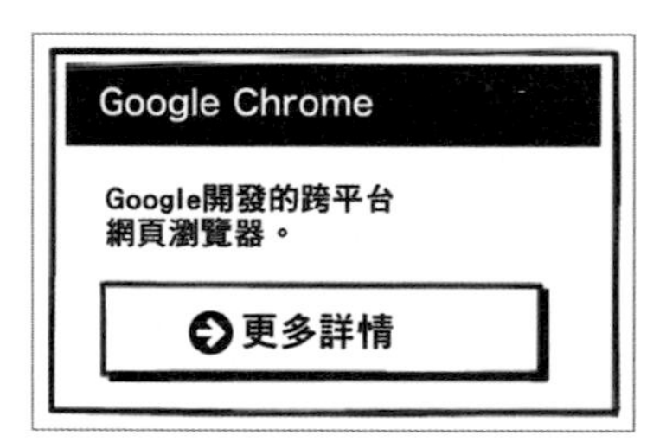

若看作是一個區塊的話，則 BEM 形式的 HTML 程式碼如下：

```
<section class="recommend-block">
  <h2 class="recommend-block__title">Google Chrome</h2>
  <p class="recommend-block__text">Google開發的跨平台……/p>
  <a class="recommend-block__nav" href="#">更多詳情/a>
</section>
```

此時，若其他使用者介面也有「更多詳情」的按鈕，可像這樣將其看作單獨的區塊。

```
<a class="button-primary" href="#">更多詳情</a>
```

然後，如下作成嵌套來使用。

```
<section class="recommend-block">
  <h2 class="recommend-block__title">Google Chrome</h2>
  <p class="recommend-block__text">這是非常厲害的瀏覽器。</p>
  <div class="recommend-block__nav">
    <a class="button-primary" href="#">更多詳情</a>
  </div>
</section>
```

就筆者而言，若 HTML 如這個按鈕結構單純、小粒度單元，積極作成單獨區塊往往比較有效率。
將區塊作成嵌套的缺點是，程式碼會變得複雜。不過，如這個按鈕可用單獨要素描述的使用者介面，區塊嵌套的複雜性可說相當得低。

而且，如這個按鈕的要素，在整個網站中往往會統一外觀。每個區塊各自編寫按鈕的程式碼，容易發生高度、顏色參差不齊等非預期的狀態吧。將按鈕當作獨立的區塊，可避免這種不整齊的情況。

總結來說，結構單純的使用者介面，將區塊作成嵌套往往是利大於弊。

在第 17 章「推薦設計指引」的 GitHub 設計系統，Primer 含有「Default button」「Primary button」「Danger button」等按鈕，各自帶有不同的功能。

Primer CSS: Buttons
https://primer.style/css/components/buttons

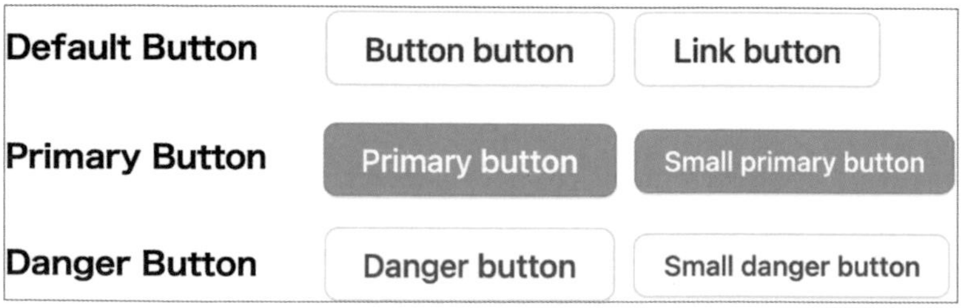

Default Button	Button button	Link button
Primary Button	Primary button	Small primary button
Danger Button	Danger button	Small danger button

三者分別為基本按鈕、主要的操作按鈕、無法反悔的危險按鈕。使用 GitHub 的時候，可在各種頁面看到這些按鈕，感受到設計和程式碼的一貫性。

想要像這樣統一按鈕的外觀時，將按鈕作成單獨區塊是不錯的方法。

範例2：WYSIWYG

第二個例子是WYSIWYG。筆者認為，這當作單獨區塊也往往比較有效率。

首先，先簡單介紹 WYSIWYG 是什麼。
例如，假設有名為 TinyMCE 的函式庫。使用該函式庫後，瀏覽器頂部可如下顯示輸入用的使用者介面。

TinyMCE
https://www.tiny.cloud

操作頁面頂部的按鈕，能夠對內容設定標題、清單，立即確認操作後的外觀。光像這樣點擊按鈕，就可完成標記 `h2`、`ul`、`li`、`p` 的程式碼。

```
<h2>購物清單</h2>
<ul>
  <li>紅蘿蔔</li>
  <li>番茄</li>
  <li>洋蔥</li>
</ul>
<p>他聽見背後輕微的腳步聲……</p>
```

這種功能稱為 **WYSIWYG（What You See Is What You Get 的簡稱）**，即便不直接編寫 HTML，也可作成具有一定複雜性的程式碼，故許多 CMS 管理系統皆有採用。因此，工作上有很多機會接觸 WYSIWYG 形式的檔案。

採用 WYSIWYG 時需要注意的是，WYSIWYG 形式的 HTML 基本上無法指定某些類別屬性。BEM 會對各個要素附加類別，但 WYSIWYG 無法做到。

此時，最簡單的解決辦法是，如下作成包含 WYSIWYG 形式內容的區塊。

```
<div class="richtext-block">
  <h2>購物清單</h2>
  <ul>
    <li>紅蘿蔔</li>
    <li>番茄</li>
    <li>洋蔥</li>
  </ul>
  <p>他聽見背後輕微的腳步聲……</p>
</div>
```

過於死守 BEM 的話，會苦惱無法對 WYSIWYG 形式的 HTML 指定類別。此時，不妨如下以前綴區塊名稱的類別選擇器來套用樣式。

```
.richtext-block h3 { ... }
.richtext-block p { ... }
.richtext-block ul { ... }
.richtext-block ul li { ... }
```

若欲以 WYSIWYG 輸入之處，外觀沒有太大差別的話，最輕鬆的做法是直接挪用區塊。

況且，WYSIWYG 形式的 HTML 包含相當多樣的要素，全部套用樣式後 CSS 量會變成相當可觀。一個區塊混合 WYSIWYG 的規範和其他要素的規範，該區塊的程式碼量可能變得相當多。

在部落格輸入文章內容的時候，常會像這樣採用 WYSIWYG，先製作負責主要布局的區塊，再對欲以 WYSIWYG 輸入之處插入 `richtext-block`。

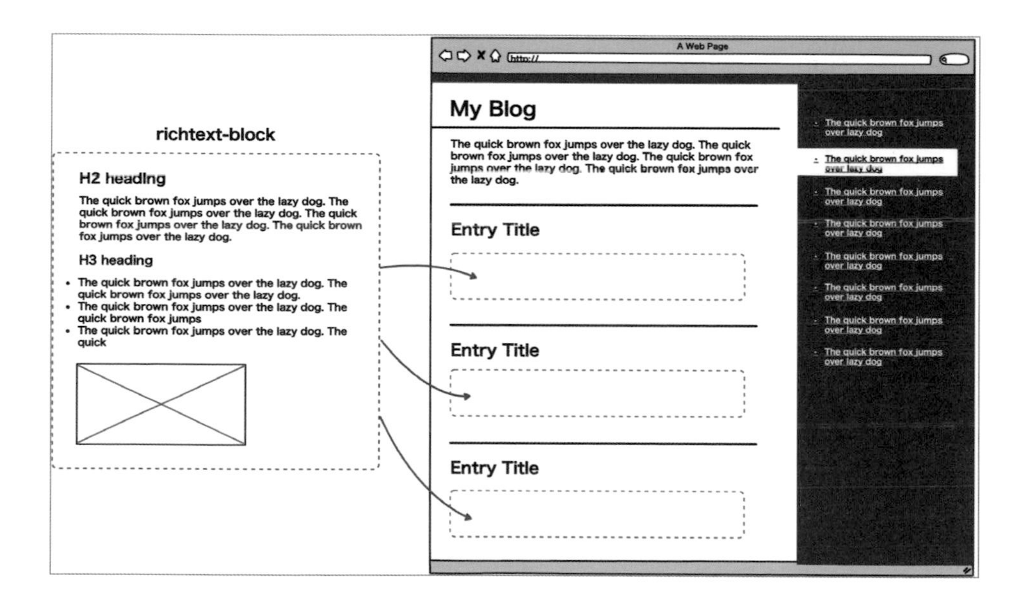

部落格的首頁、各項標題的清單頁面、文章內容頁面，皆可重複利用 `richtext-block`。將 WYSIWYG 形式的單元視為一個區塊，可作出易於理解的 CSS 設計架構吧。

第23章

範例3：布局

第三個例子是布局。這是第 9 章「SMACSS：布局規範」介紹過的思維。

假設有如下的使用者介面，不是全部當作一個區塊，而是將「外框」部分視為布局，再於裡頭裝進其他的區塊。

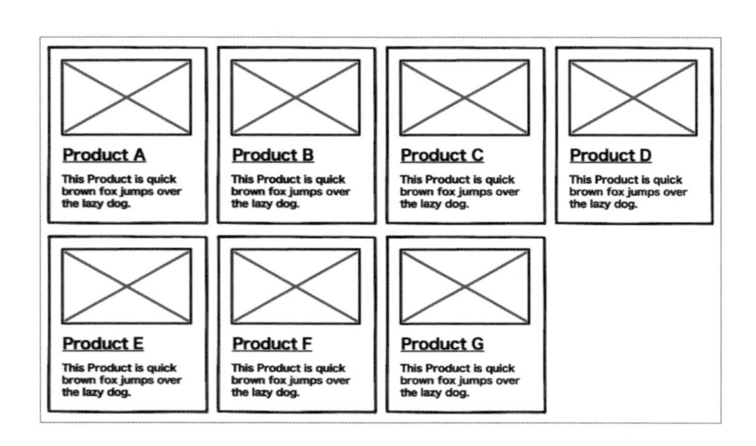


```
<ul class="layout-grid">
  <li class="layout-grid__item">
    <div class="product-nav-set">
      <img class="product-nav-set__img" />
      <a class="product-nav-set__title" href="/path/to/item">Product A</a>
      <span class="product-nav-set__note">This product is...</span>
    </div>
  </li>
  <li class="layout-grid__item">
    <div class="product-nav-set">
      <img class="product-nav-set__img" />
      <a class="product-nav-set__title" href="/path/to/item">Product A</a>
      <span class="product-nav-set__note">This product is...</span>
    </div>
  </li>
  ...
</ul>
```

在「SMACSS：布局規範」已經有提過，將外框部分作成不同區塊的優缺點，但這邊得再次重申，**將布局劃分成細項的區塊，會讓程式碼變得相當複雜，需要小心注意**。

範例 1 的按鈕幾乎是單獨要素，而範例 2 的 WYSIWYG 雖裝進各種 HTML，但其程式碼皆是固定的。與此相對，這次舉例的 `layout-grid` 是設想，裡頭裝進其他區塊來靈活使用。

裡頭裝進其他區塊來使用，跟前面介紹的 `box-column` 具有相似的性質，不過 `box-column` 是使用描述外框的使用者介面，而 `layout-grid` 是於網格中配置區塊，儼然像是透明的區塊。

就各種觀點而言，筆者認為僅負責布局的區塊，其性質相當複雜。

然後，現今的主流是響應式布局，逐漸不再採用單純的四列布局。因此，僅負責布局的區塊，有時難以命名名稱。

例如，假設有下述兩種布局用的區塊：

- 寬視窗時四列；窄視窗時兩列
- 寬視窗時四列；窄視窗時單列

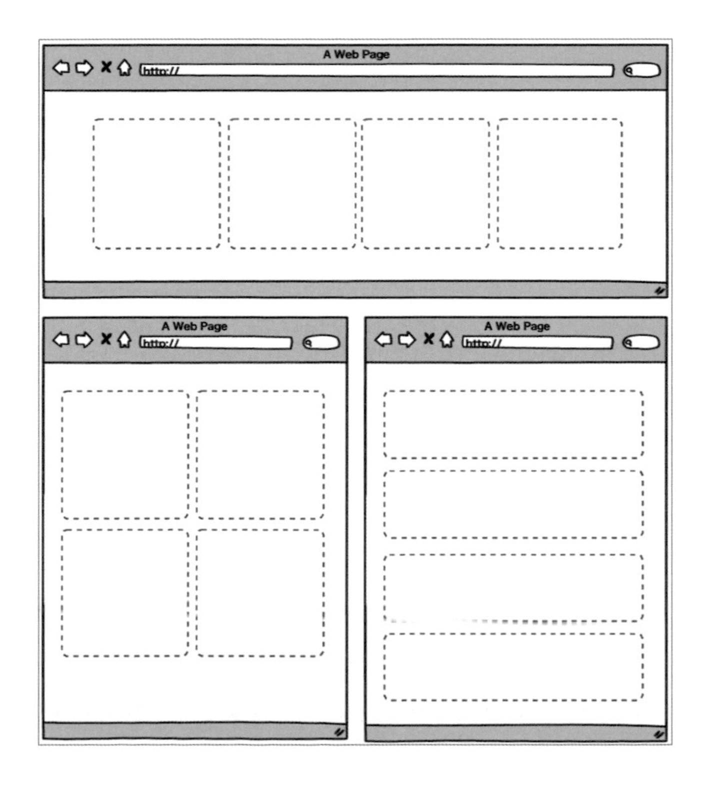

它們該取什麼名稱才好呢？

- layout-narrow-2col-wide-4col
- layout-narrow-1col-wide-4col

筆者瞬間想到兩個名稱，但若出現許多這種名稱的區塊，設計似乎會變得很複雜吧。「以修飾符實作不就好了？」雖然內心浮現這樣的想法，不過似乎會搞得更加複雜。

製作這樣的區塊往往比較有效率，但筆者偏好作成 `product-list` 等具體的區塊，以防日後得辛苦解讀程式碼。

這邊並非否定製作布局專用的區塊，而是建議設計時需要考慮使用到什麼程度。元件清單羅列這種透明架構的區塊，日後解讀起來可能相當辛苦。

●

這次解說了區塊嵌套的內容。

是否作成區塊嵌套並沒有唯一正解，基準會因設計人員而異。雖然能夠有效率地設計程式碼，但同時也會增加複雜性，故得一面討論使用者介面的設計，一面檢討是否採用。

第24章

功能優先

前面講解的 CSS 設計內容，基本上是根據元件導向的思維，將頁面的構成要素劃分成區塊單位，再排列區塊完成頁面。

本章將會介紹功能優先（Utility First）的思維，這有別於前面討論的元件導向設計。

功能優先的思維

首先，先解說功能優先思維的基礎部分。

本書第 11 章「功能類別」解說了**功能類別**的概念，準備如下的類別當作各處皆可使用的萬能修飾符。

```
.align-left { text-align: left; }
.align-center { text-align: center; }
.align-right { text-align: right; }
.align-top { vertical-align: top; }
.align-middle { vertical-align: middle; }
.align-bottom { vertical-align: bottom; }
.mb-1 { margin-bottom: 1rem; }
.mb-2 { margin-bottom: 2rem; }
.mb-3 { margin-bottom: 3rem; }
```

雖然功能類別通用於各個地方，但卻偏離了 BEM 形式的設計，故前面不建議經常使用。

然而，若想要採用功能優先的思維，得先大量準備功能類別，製作許多控制 `color`、`font-size`、`line-height`、`width`、`height`、`display`、`float` 等的類別，僅靠這些要素組合 HTML。

根據功能優先的設計指引，功能類別集並非用來稍微改變區塊，而是在 CSS 設計架構上發揮功能。

僅使用功能類別的範例

僅使用功能類別的程式碼長什麼樣子呢？下面來看範例吧。

此使用者介面的 HTML 程式碼如下：

```
<div class="bg-gray-600 p-12">
  <div class="flex bg-white rounded-lg p-6 mb-6 shadow">
    <img class="h-24 w-24 rounded-full mx-0 mr-6" src="john.jpg" />
    <div class="text-left">
      <h2 class="text-lg">John Doe</h2>
      <div class="text-purple-500">Product Engineer</div>
      <div class="text-gray-600">john.doe@example.com</div>
      <div class="text-gray-600">(555) 765-4321</div>
    </div>
  </div>
</div>
```

由程式碼可知，各個要素指定了細項的類別。針對這個 HTML，準備如下的 CSS 程式碼：

```
/* 對齊位置 */
.text-lg { font-size: 1.125rem; line-height: 1.75rem; }

/* 對齊位置 */
.text-left { text-align: left; }

/* 顏色設定 */
.text-purple-500 { color: rgba(139, 92, 246, 1); }
.bg-gray-600 { background-color: rgba(75, 85, 99, 1); }
.bg-white { background-color: rgba(255, 255, 255, 1); }
```

```
/* display設定 */
.flex { display: flex; }

/* 寬幅、高度 */
.h-24 { height: 6rem; }
.w-24 { width: 6rem; }

/* margin, padding */
.mb-6 { margin-bottom: 1.5rem; }
.mr-6 { margin-right: 1.5rem; }
.mx-0 { margin-left: 0; margin-right: 0; }
.p-12 { padding: 3rem; }
.p-6 { padding: 1.5rem; }

/* 圓角設定 */
.rounded-full { border-radius: 9999px; }
.rounded-lg { border-radius: 0.5rem; }

/* 陰影設定 */
.shadow {
  box-shadow: 0 1px 3px 0 rgba(0, 0, 0, 0.1),
    0 1px 2px 0 rgba(0, 0, 0, 0.06);
}
```

「針對 HTML 準備 CSS」這個說法並不正確，不如說要先準備 CSS 的程式碼。在架設 HTML 的時候，會思考各個要素套用什麼樣式，再指定負責該樣式的類別。若說完成的使用者介面是一幅畫，則功能類別就好比繪畫的顏料。

看完前面的解說內容後，「哎？這樣也行嗎？」內心或許這麼想，但這就是名為功能優先的設計方法。

功能優先的特徵

採用這種功能優先來設計，會發生什麼事情呢？

製作頁面幾乎不用編寫 CSS

首先，只要遵循功能優先的思維來實作，儘管起初得先準備功能類別集，但後續就幾乎不用再編寫 CSS 便可完成頁面。

有些人或許認為準備這些功能類別很辛苦，不過其實利用 Tailwind CSS、Atomic CSS 等框架就能夠解決。

Tailwind CSS
https://tailwindcss.com/

Atomic CSS
https://acss.io/

筆者僅用過 Tailwind CSS，它能夠幫忙生成一套通用型的功能類別。前面的舉例其實都是 Tailwind CSS 起初就準備好的類別，光這些就涵蓋了平時編寫的八成 CSS 程式碼。然後，再自行進一步編寫組態，便可靈活地追加、管理功能類別。

在編寫 HTML 的時候，只需一味對各個要素指派現成的功能類別，僅當既有的功能類別不足，才得追加 CSS 程式碼。

必須知道有哪些功能類別

這類框架可幫忙準備功能類別，不過其數量卻相當龐大。起初得付出一定程度的學習成本，先瞭解一輪所有的功能類別。

為了解決這個問題，Tailwind CSS 已準備 Visual Studio Code 用的擴充功能。安裝後輸入類別名稱，會自動列舉候補選項、填補程式碼。事先配置該擴充功能，僅需要記住一定程度的類別名稱，就可相對輕鬆地實作。

下圖是安裝該擴充功能後編寫程式碼的狀態截圖，僅輸入類別屬性就自動列舉候補選項。

不需要苦惱權重、樣式衝突

採取功能優先的設計後，幾乎不需要苦惱權重、樣式衝突。

如同舉例，功能類別是對一個類別選擇器指派一、兩個極為簡單的樣式，這些規範的權重幾乎相同。

若所有頁面皆採用功能優先的思維，幾乎不會受到其他選擇器影響，突然加上框線、添加背景顏色等等。某處的 CSS 規範讓背景莫名變成灰色……也不容易有為防止這類情況，加上 `!important` 彼此覆蓋的狀態。

各個功能類別本來就沒有指派眾多樣式，功能類別之間幾乎不會產生樣式衝突。

CSS 設計時不必考慮名稱

本書前面的解說皆是基於 BEM，需要逐一命名區塊、元素，討論了許多命名方式。然而，採用功能優先的設計後，編寫 HTML 和 CSS 時幾乎不必考慮名稱的問題。

這個元素該取 `photo` 還是該取 `media`……這種苦惱相當耗費時間，採用功能優先的設計後，如同舉例的 `flex bg-white rounded-lg p-6 mb-6 shadow`，僅需一味對類別屬性指派現成的功能類別。

希望讀者關注的地方是，在前面的程式碼樣本中，僅有純粹套用樣式的類別。

HTML 和 CSS 幾乎沒有元件

看完前面的內容，會覺得功能優先盡是優點吧。

「不對，等一下。這樣本書前面為何還要討論 BEM ？」，這是非常理所當然的疑問。

正因為毫無限制自由編寫，到頭來會變得不順利，才採用 BEM 等元件來規劃。明明如此，功能優先的設計卻近似直接以樣式屬性來定義外觀。

功能優先的設計沒有導入元件的概念嗎？各位或許期待有什麼新穎思維，但功能優先採取的策略是，編寫 HTML 和 CSS 時幾乎沒有 BEM 等元件。

這帶來明顯的缺點：HTML 大量出現重複的程式碼。

剛才僅以功能優先編寫的程式碼，若想要排列八個同樣的介面，該怎麼做才好呢？

沒有什麼特別的做法，只好重複八次盡是功能類別的 HTML。

重複八次同樣的程式碼後，當想要稍微修改樣式的時候，理所當然八處全部都得修正。欲將背景由白色轉為橘色，得將 `bg-white` 的類別改為 `bg-orange`。若存在 100 個頁面的話，就得編輯 100 個頁面的 HTML。

對編寫一般 CSS 的人來說，可能難以接受這種做法吧。

Tailwind CSS 中的元件

閱讀到這邊，「有這樣的思維啊，但感覺不適合我。」應該有很多人會這麼認為。只是稍微改變樣式，就得修正好幾百個的 HTML，過於不切實際。BEM 可輕易迴避這個問題，相較之下功能優先顯得缺乏效率。

然而，功能優先並非沒有考慮產生元件，下面來解說 Tailwind CSS 中的元件產生方式。

在HTML和CSS外部產生元件

Tailwind CSS 的推薦流程是，先以功能類別反覆編寫 HTML 程式碼，當遇到好幾次必要的類型，才選擇將其轉成元件。

- **首先「僅用功能類別編寫」**
- **然後「再（視需要）轉成元件」**

這跟 BEM 形式的做法正好相反。

「原來如此？意思是先用功能類別編寫，再修改成 BEM 的形式嗎？」有些人會如此理解，但情況並不是這樣。Tailwind CSS 功能優先的設計認為，在 HTML 和 CSS 層級轉成類似元件的東西，這種 BEM 形式的設計並不理想。

Tailwind CSS 建議在 HTML 和 CSS 的外部產生元件。為此，需要使用 React、Vue.js 等元件導向的 JavaScript 函式庫，或者某些模板引擎、CMS 管理系統。

本書不深入講解 React、Vue.js，僅介紹大致操作的範例，使用 React 將舉例的程式碼轉成元件。

React的元件

前面在 Tailwind CSS 編寫的卡片式使用者介面，可使用 React 轉成如下的程式碼：

```
const MemberCard = ({ person }) => (
  <div className="flex bg-white rounded-lg p-6 mb-6 shadow">
    <img className="h-24 w-24 rounded-full mx-0 mr-6" src={person.img} />
    <div className="text-left">
      <h2 className="text-lg">{person.name}</h2>
      <div className="text-purple-500">{person.job}</div>
      <div className="text-gray-600">{person.email}</div>
      <div className="text-gray-600">{person.tel}</div>
    </div>
  </div>
)
```

這樣就定義了名為 MemberCard 的元件。

初次接觸這種程式碼或許會覺得不可思議，不過 React 的元件是採用如同混合 JavaScript 和 XML 的 JSX 格式來編寫。

MemberCard 元件接收數據後，會將其內容寫進程式碼中的 `{person.name}`、`{person.job}`，最後轉為瀏覽器可處理的 HTML。

將數據傳給元件完成頁面

該怎麼使用此元件完成頁面呢？
在 HTML 方面，需要如下製作容器接收 React 輸出的程式碼。

```
<div id="root"></div>
```

然後，製作描述三人份數據的物件，再將其傳給 MemberCard。

具體的程式碼如下：

```
const App = () => {
  const John = {
    name: "John Doe",
    img: "john.jpg",
```

第24章

```
    job: "Product Engineer",
    email: "john.doe@example.com",
    tel: "(555) 765-4321",
  };
  const Taro = {
    name: "Taro Yamada",
    img: "taro.jpg",
    job: "Senior Engineer",
    email: "taro.yamada@example.com",
    tel: "(555) 222-3333",
  };
  const Mio = {
    name: "Mio Suzuki",
    img: "mio.jpg",
    job: "Designer",
    email: "mio.suzuki@example.com",
    tel: "(555) 333-4444",
  }
  return (
    <div className="bg-gray-600 p-12">
      <MemberCard person={John} />
      <MemberCard person={Taro} />
      <MemberCard person={Mio} />
    </div>
  )
}
ReactDOM.render(<App />, document.getElementById("root"));
```

如此一來，頁面就會顯示三張名片。

本書沒有足夠的版面細說 React，讀者僅需瞭解大致可如此操作即可。

製作 MemberCard 元件，並重複使用 3 次。

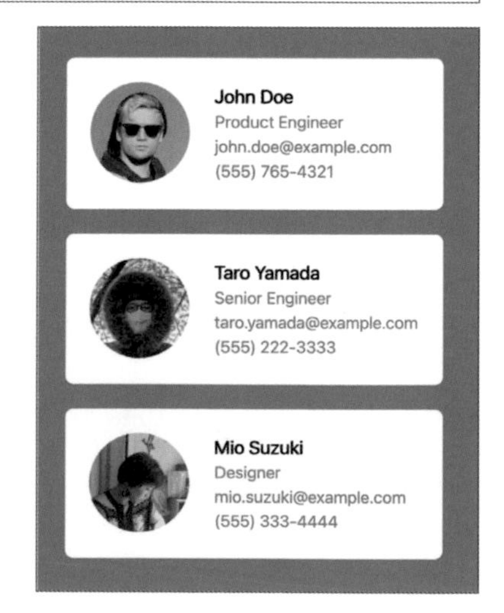

使用React轉成元件的優點

這邊的重點是，雖然頁面顯示三個使用者介面，但僅定義一次 MemberCard 元件，且只編寫一次盡是功能類別的 HTML。

使用 React 將使用者介面轉成元件後，即便想要變更樣式，程式碼也僅需要修改定義元件的部分。如此一來，縱使存在 100 個頁面，修改定義元件的部分便可完成變更。這解決了使用者介面重複出現，不容易修改樣式的問題。豈止解決問題而已，由於可自由地修改 HTML 的結構，靈活度遠遠超越了 BEM。

與此類似的事情，也可使用同為轉成元件的 Vue.js 等函式庫。或者，嵌入某些 CMS 管理系統細瑣地管理 HTML，也幾乎同樣可解決問題。

BEM 形式的方法是將 HTML 和 CSS 統整成一個元件，但由於功能優先不存在這樣的功能，故以類別名稱來觸發類似製作元件的運作。

然而，隨著 React、Vue.js 等元件導向的函式庫興起，如今已可於比 HTML ＋ CSS 更上方的層級轉成元件。希望讀者關注的地方是，在編寫 HTML 和 CSS 的階段，沒有命名任何要素完成了該結構。

在編寫 HTML 和 CSS 之前需要決定，將元件加入變數 MemberCard 的做法是否通用於整個專案。在功能優先的世界中，HTML 和 CSS 的層級不需要類似的設計。

起初使用功能類別編寫，之後再考慮是否作成元件。這就是 Tailwind CSS 被稱為功能「優先」的理由。

一定要使用 React、Vue.js 嗎？

原來如此，瞭解使用 React、Vue.js 轉成元件的優點了。這樣的話，以功能優先編寫程式碼的時候，一定要使用 React、Vue.js 或者某些 CMS 嗎？

筆者認為，以此前提來考慮大致沒有錯誤。當然，不使用這類元件導向的函式庫，仍舊能夠編寫程式碼。然而，若遇到 100 個地方都有該使用者介面，就無法避免必須複製 100 次程式碼的問題。

儘管具有不用編寫 CSS 也可製作頁面的優點，卻也存在這個的巨大缺點。簡言之，在一一親手編寫 HTML 的時候，單純採用功能優先的設計並不理想。

React、Vue.js 是 JavaScript 的函式庫。自己製作的不是網頁應用程式，故不使用 React、Vue.js，再加上沒有使用 CMS 管理系統，也有讀者認為功能優先與自己無緣。

然而，最近出現 Next.js、Nuxt.js、Gatsby 等，以 React、Vue.js 編寫靜態 HTML 的軟體，利用它們製作頁面逐漸普及為架設網頁的方法之一。一般使用 React、Vue.js 的情況，是設想在瀏覽器上啟用應用程式，而後者實作方法是，先將 React、Vue.js 處理過的 HTML 作成多個頁面，再上傳至網頁伺服器來公開發布。

Next.js
https://nextjs.org/

Nuxt.js
https://nuxtjs.org/

Gatsby
https://www.gatsbyjs.com/

採用這樣的手法後，不僅只網頁應用程式，即便是製作靜態網頁，也能夠利用 React、Vue.js 的元件。

雖然所需技能增加，但除了進行功能優先的設計外，還能夠執行效能優化等措施，感興趣的人務必自行調查並嘗試看看。筆者認為，對 HTML 和 CSS 的技術人員來説，這類技術是學會編寫程式碼後的下一個學習階段。CSS 設計並非僅有 HTML 和 CSS 而已。

粒度更細微的抽象化

前面解說了如何在功能優先實現近似 BEM 的元件。在 BEM 稱為區塊的單元，換到 React 則表達成元件。BEM 會將使用者介面的單元抽象化成區塊的概念，換到 React 則是抽象化成元件的概念。

雖然表達使用者介面單元的方法不同，但功能優先可於不一樣的層級，使用比區塊、元素更小的單位抽象化。

下面以留白為例來說明。本書講解了許多留白的內容，其中多著墨於決定留白的類型，比如區塊之間取 20px、具有意義的段落取 30px、高關聯性的內容取 10px 等，並建議設計時將留白設定為 S、M 等字母。

採用功能優先的設計時，可準備如下的類別：

```
/* 留白設定 */
.bottom-spacing-s { margin-bottom: 20px; }
.bottom-spacing-m { margin-bottom: 30px; }
.bottom-spacing-l { margin-bottom: 40px; }
```

考慮到使用者介面的一貫性，網站內也應該決定文字大小、顏色、圓角程度等的變化。
此時，可準備如下的類別：

```
/* 文字大小 */
.text-s { font-size: 0.8rem; line-hgith: 1.6; } /* 小 */
.text-m { font-size: 1rem; line-hgith: 1.8; } /* 中 */
.text-l { font-size: 1.3rem; line-hgith: 1.5; } /* 大 */
.text-xl { font-size: 1.8rem; line-hgith: 1.5; } /* 特大 */

/* 顏色設定 */
.color-text-primary { color: #222; } /* 主要顏色 */
.color-text-sub { color: #666; } /* 次要顏色 */
.color-text-alert { color: #f00; } /* 警告顏色 */

/* 圓角設定 */
.rounded-m { border-radius: 4px; } /* 中 */
.rounded-l { border-radius: 8px; } /* 大 */
.rounded-xl { border-radius: 12px; } /* 特大 */
```

隨意指定功能類別會造成各個頁面參差不齊。不過，使用類別集製作頁面能夠保持統一的設計規範。

以功能類別表達設計規範並據此製作頁面，功能類別可發揮超出單純以樣式屬性定義外觀的功用。雖然此方法有別於 BEM 的轉化元件，但也有辦法一次對眾多頁面反映變更。
為此，事前需要清楚確實的設計，實作的難度不容小覷。不過，筆者認為能夠做到這種程度，可謂相當理想的設計。

以 BEM 為主軸的設計，會使用 Sass 的 mixin、變數來實現。Sass 擁有的功能性，在某種程度上可代替功能類別。

是否應該導入功能優先的設計？

像這樣使用功能類別來設計是功能優先的思維，利用此方法製作網站本身並不困難。

如前所述，Tailwind CSS 含有編輯器的擴充功能、充實的文本內容等，輔助方面也相當完善，僅需要在 HTML 中指定現成的類別，不必特別記住困難的技術。

然而，實際的專案是否採用這類方法，筆者認為必須另外檢討。

對實作的需求適合嗎？

首先，在實作需求方面，必須判斷是否適合採用功能優先來設計。若僅因偏好功能優先而輕易使用，到頭來可能會吃盡苦頭。

例如，請想像編寫 HTML 和 CSS 製作大量頁面的情況，比如製作擁有數百個頁面的企業網站，刻意選擇導入 CMS 管理系統或者採用前述的 Ract、Vue.js，筆者認為這種情況就難以採用功能優先的設計。

若缺少前面介紹的 React、Vue.js 或者 CMS 管理系統，處於程式碼沒有轉成元件的狀態，則需要多次置換盡是功能類別的 HTML，不難想見處理起來極為困難。即便採用 BEM 形式來編寫，僅調整 CSS 也經常無法改動使用者介面，擁有好幾百個頁面的專案，需要延續不斷地置換、修正程式碼。在盡是功能類別的 HTML，很有可能因縮排換行錯誤、類別順序錯誤等，完全找不到應該置換、修正的地方。

相反地，若能夠在 HTML ＋ CSS 外部管理元件，儘管需要習得設計的相關能力，卻可消除這方面的擔憂。因此，功能優先的思維反而是比較容易採用的設計手法。

規劃的內容是否適當？

功能優先的設計如何實作得漂亮，與事前規劃有很大程度的關聯。

如同前小節「粒度更細微的抽象化」的內容，想要將設計的規範導入 CSS 設計中，必須在事前規劃時就考慮進去。文字大小、留白類型、顏色種類等，即便不完整也沒有關係，在編寫程式碼之前得考慮清楚。

這些設計並非一成不變，可用 Tailwind CSS 的通用型類別來架設，近似親自編寫每個使用者介面。此時，若以落實使用者介面規範的功能類別集為中心，不僅能夠確保設計的一貫性，也可提高開發效率。

「這不就是網頁規劃、設計嗎？」認為理所當然的設計人員，能夠實踐功能優先的設計吧。相反地，僅認為頁面是一幅畫的設計人員，若不重新更改認知，肯定難以漂亮完成功能優先的設計。

●

這次介紹了功能優先的思維。

雖然該思維早已存在，但僅停留在擔任配角，如本章主採功能優先的設計極其稀少。實務上，筆者不曾僅以功能類別編寫程式碼，也未曾遇過類似的實作。

然而，最近採用 React、Vue.js 的情況增加，由於這樣的環境變化，筆者認為實務上變得可採用功能優先的設計手法。

根據第 3 章的 The State of CSS 網站，2020 年問卷結果指出，Tailwind CSS 是獲得最正面評價的 CSS 框架。

> The State of CSS 2020: CSS Frameworks
> https://2020.stateofcss.com/en-US/technologies/css-frameworks/

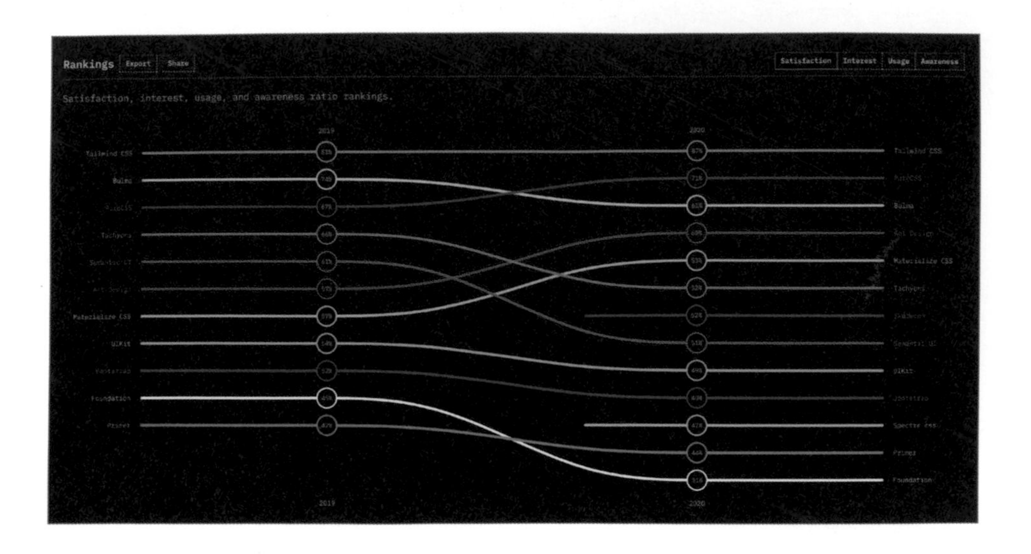

雖然不知道今後會如何發展，但建議將其認定為未來可能的主流趨勢，而不僅只是一種前衛的設計手法。

順便一提，在沒有任何限制、可任意編寫的情況下，筆者會盡可能利用 React、Tailwind CSS，編寫功能優先的程式碼。

儘管起初需要花時間煩惱該怎麼準備功能優先，不過後續可整個網站統一調整留白、文字大小等，感覺能夠有效率地實作。若專案成員能夠克服開發技能和設計能力的門檻，積極採用也不失為好方法。

如前所述，世上多數網站仍是沿用 BEM 來架設，但若牽扯到最先進的 CSS 設計，除了使用 React、Vue.js 設計的時候應該怎麼組合 CSS 外，大概也得討論如何統整 HTML、JavaScript，感覺都是藉由各種方法進行摸索。身為開發人員應當豎起耳朵，持續關注這個部分今後的發展，或者加入相關社群跟他人一同思考。

期望本書的內容可在各位思考 CSS 時帶來些許的幫助。

非常感謝大家閱讀到最後！

INDEX

作者簡介

高津戶壯（たかつど たけし）

PixelGrid股份有限公司
技術總監

歷經網頁架設公司、自行接案後，任職於PixelGrid股份有限公司。曾經參與眾多網站、網頁應用程式的HTML、CSS、JavaScript實作，現主負責承攬案件的前端開發實作、設計、技術指導，擅長領域包括可擴充性的HTML模板設計與實作、JavaScript使用者介面的進階設計與實作。
主要著作有《網頁設計人員的jQuery入門祕技 改訂版》（技術評論社）

STAFF
技術審查：坂卷 翔太郎、渡邊 由
排版設計：三宮 曉子（Highcolor）
封面設計、內文插圖：松村 牧雄
DTP：AP_Planning
編輯：角竹 輝紀

超完美 CSS 設計風格指南

作　　者：高津戸壮
技術評論：坂巻 翔大郎、渡辺 由
書籍設計：三宮 暁子（Highcolor）
封面和文字插圖：まつむらまきお
編　　輯：角竹 輝紀
譯　　者：衛宮紘
企劃編輯：莊吳行世
文字編輯：詹祐甯
設計裝幀：張寶莉
發 行 人：廖文良

發 行 所：碁峰資訊股份有限公司
地　　址：台北市南港區三重路 66 號 7 樓之 6
電　　話：(02)2788-2408
傳　　真：(02)8192-4433
網　　站：www.gotop.com.tw
書　　號：ACU084200
版　　次：2022 年 11 月初版
建議售價：NT$520

國家圖書館出版品預行編目資料

超完美 CSS 設計風格指南 / 高津戸壮原著；衛宮紘譯. -- 初版. -- 臺北市：碁峰資訊, 2022.11
面；　公分
ISBN 978-626-324-244-9(平裝)
1.CST：CSS(電腦程式語言)　2.CST：網頁設計
312.1695　　111010811

讀者服務

- 感謝您購買碁峰圖書，如果您對本書的內容或表達上有不清楚的地方或其他建議，請至碁峰網站：「聯絡我們」\「圖書問題」留下您所購買之書籍及問題。（請註明購買書籍之書號及書名，以及問題頁數，以便能儘快為您處理）
http://www.gotop.com.tw
- 售後服務僅限書籍本身內容，若是軟、硬體問題，請您直接與軟體廠商聯絡。
- 若於購買書籍後發現有破損、缺頁、裝訂錯誤之問題，請直接將書寄回更換，並註明您的姓名、連絡電話及地址，將有專人與您連絡補寄商品。